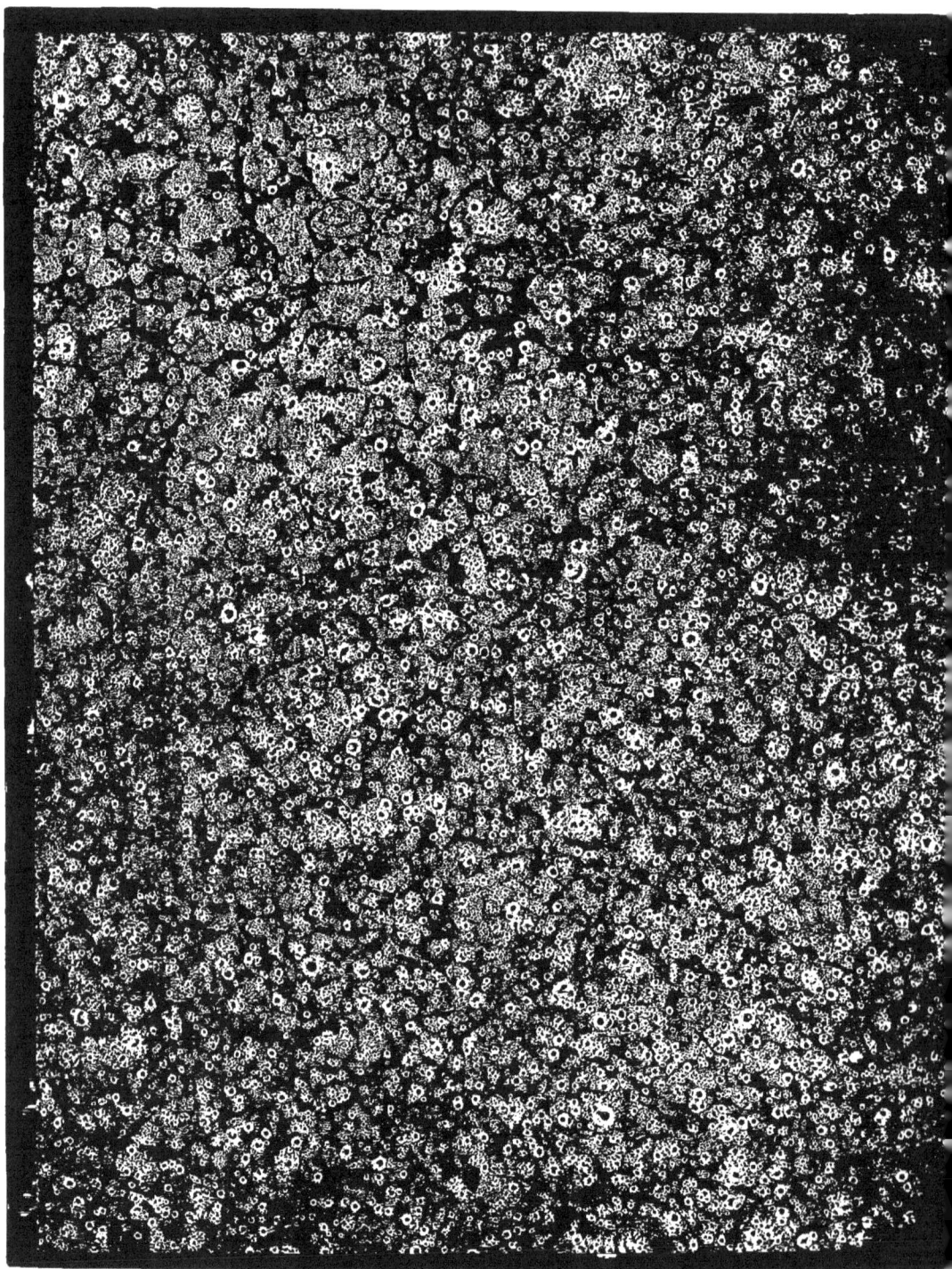

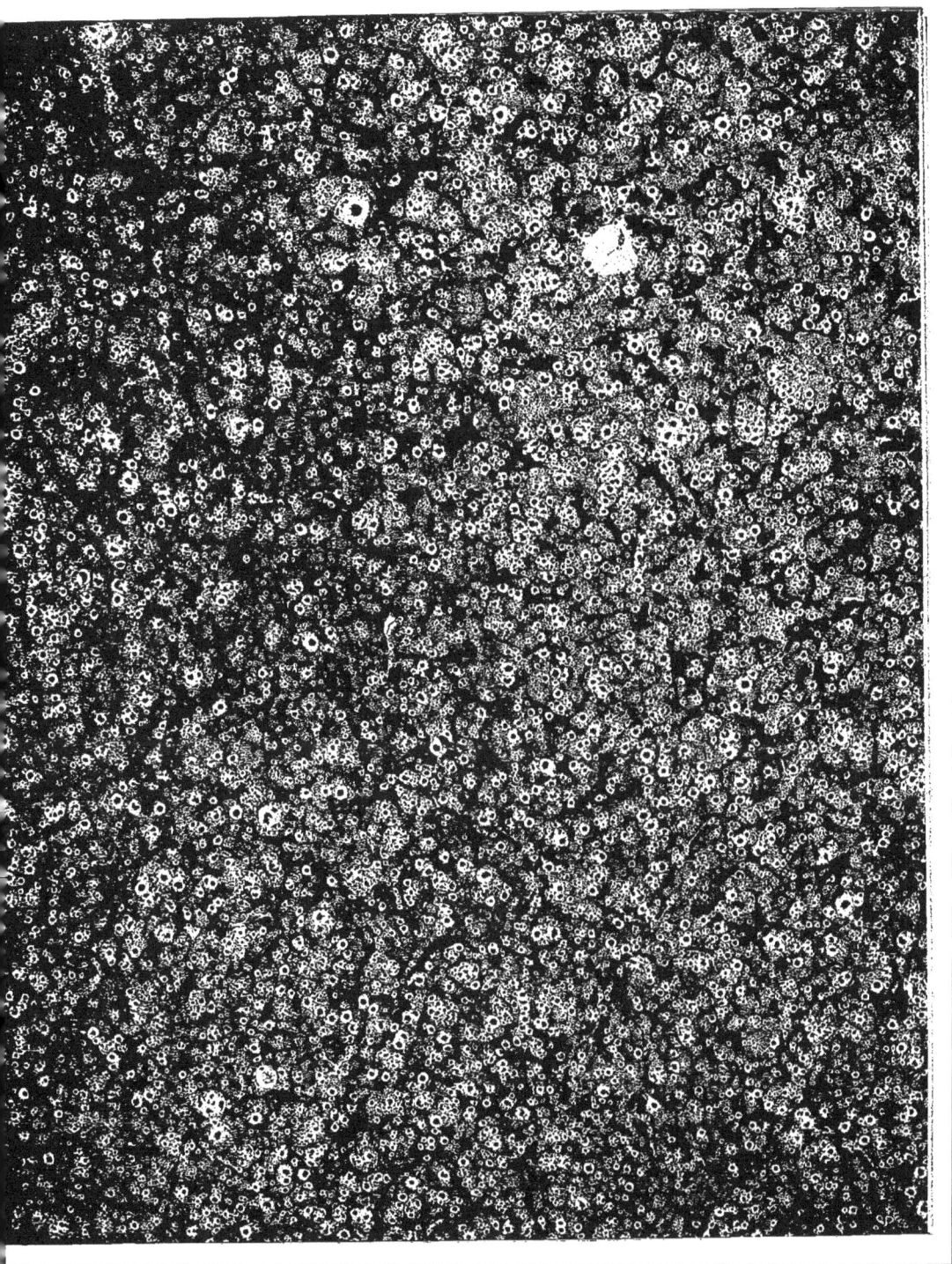

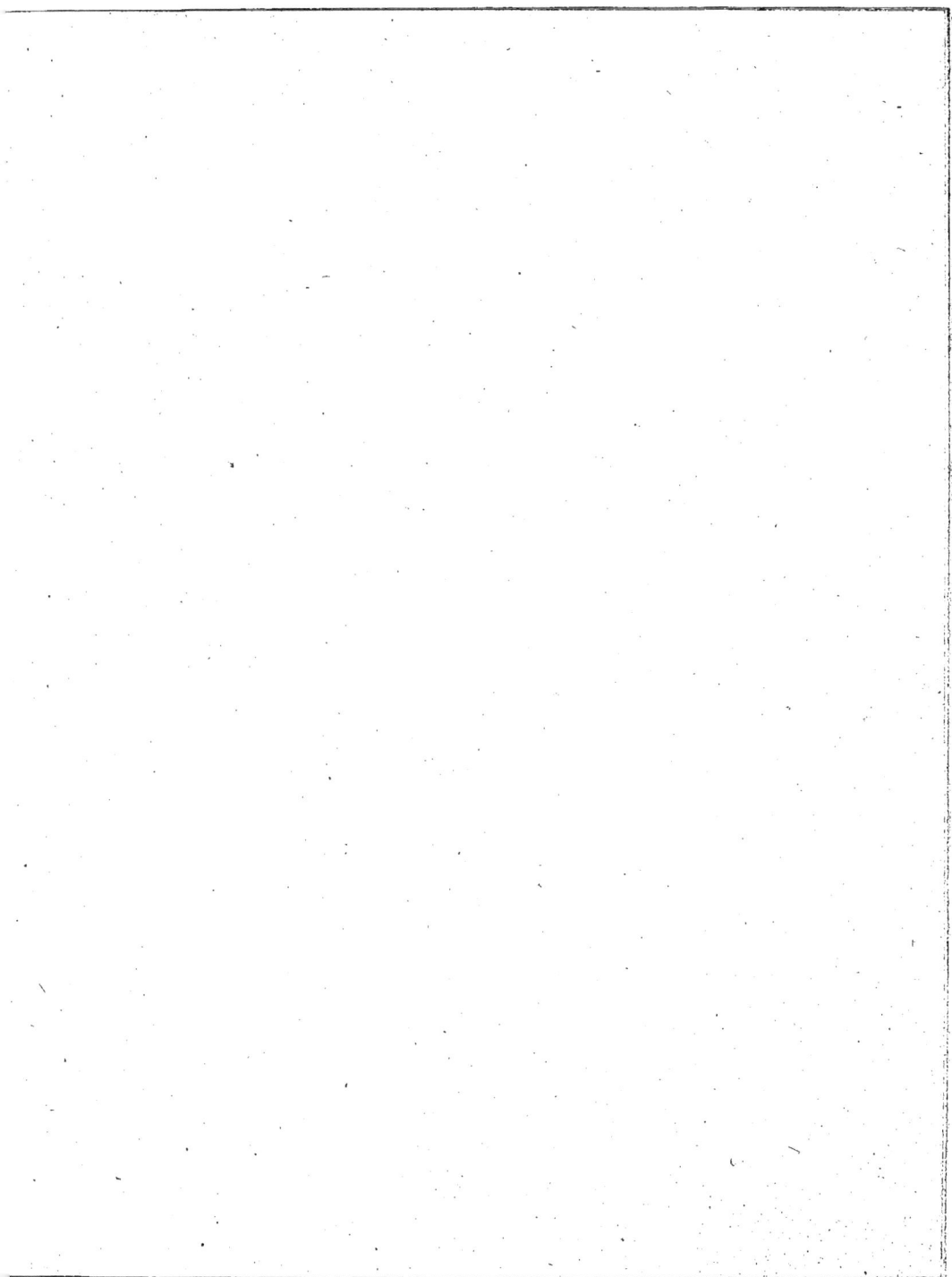

14900

BARÊME

OU

COMPTES FAITS.

OUVRAGE INDISPENSABLE

ET

A L'USAGE DE MM. LES ENTREPRENEURS, MANUFACTURIERS ET CHEFS D'ATELIERS,

POUR ÉTABLIR D'UN COUP D'OEIL LE COMPTE DE CHAQUE OUVRIER,

PAR HEURE, PAR JOUR, PAR SEMAINE, PAR QUINZAINE OU PAR MOIS,

DANS TOUS LES ÉTABLISSEMENTS

OÙ LA JOURNÉE DE 11 H^{RES} EST EN USAGE.

Par BENOIT GILET,

Employé dans une des plus fortes maisons de Paris, auteur du *Barême métrique de sciage*.

PRIX : 2 FRANCS.

PARIS.

CARILIAN-GŒURY ET V^{OR} DALMONT, ÉDITEURS,

LIBRAIRES DES CORPS ROYAUX DES PONTS ET CHAUSSÉES ET DES MINES,

Quai des Augustins, n°s 39 et 41.

1845.

-o✜o-

PARIS. — IMPRIMERIE DE PAIN ET THUNOT
Rue Racine , 28, près de l'Odéon.

-o✜o-

PRÉFACE.

Depuis plusieurs années que j'ai l'honneur d'appartenir à l'administration de MM. Pouillet et Comp¹ᵉ, j'ai eu, chaque mois, l'occasion d'établir des rôles de paye pour les ouvriers menuisiers et serruriers.

Dans cette position, j'ai remarqué que, sans le concours de cet ouvrage, il était infiniment long d'établir le compte de chaque ouvrier, par rapport aux fractions, et encore est-on susceptible de commettre des erreurs en se précipitant.

Pour y obvier :

J'ai dû livrer à l'impression ce travail que j'ai composé pour plus de facilité. J'ai pensé qu'il serait de toute utilité à MM. les entrepreneurs, manufacturiers, chefs d'ateliers et, en général, à toutes les personnes chargées d'établir ces sortes de comptes.

Je m'estimerai très-heureux si cette publication peut servir leurs intérêts, en ce que j'y ai apporté toute la précision et l'application nécessaires.

Ainsi, supposons un instant qu'un ouvrier ait dans un mois 26 journées 10 heures à raison de 3 fr. 75 c. par jour, en se reportant au Barême, on verra

sur la 1re colonne, à gauche, le nombre des journées ; on descendra jusqu'au
nombre 26, et allant horizontalement jusqu'à la rencontre verticale du nombre
10 heures, on trouvera sur cette même ligne que le montant se trouve être de
100 fr. 91 c.

Enfin, pour offrir à MM. les payeurs toute la garantie nécessaire sur la
justesse de ces comptes, j'ai établi au bas de chaque prix de journée, sur une
colonne horizontale, le montant des fractions produites par les heures ; ainsi,
l'on remarquera toute l'exactitude de ces opérations en ce que (toujours sur
sur la même page, c'est-à-dire à 3 fr. 75 c. par jour) :

1°	1 heure égale.	0 fr.	34 c.
	10 heures égalent.	3	41
Totaux.	11	3	75
2°	2	0	68
	9	3	07
Totaux.	11	3	75
3°	3	1	02
	8	2	73
Totaux.	11	3	75
4°	4	1	36
	7	2	39
Totaux.	11	3	75
5° enfin 5		1	70
	6	2	05
Totaux.	11	3	75

Les personnes, pour leur compte, ou celles chargées des intérêts de chaque
maison ayant nécessairement une intelligence suffisante, je n'entrerai pas dans
de plus longs développements.

JOURNÉES DE 11 HEURES.

A 1 FR. 50 C.

JOURNÉES.		1 heure.		2 heures.		3 heures.		4 heures.		5 heures.		6 heures.		7 heures.		8 heures.		9 heures.		10 heures.	
	fr.	c.	fr.	c.	fr.	c.	fr.	c.	fr.	c.	fr.	c.	fr.	c.	fr.	c.	fr.	c.	fr.	c.	fr.	c.
1	1	50	1	64	1	77	1	91	2	05	2	18	2	32	2	45	2	59	2	73	2	86
2	3	»	3	14	3	27	3	41	3	55	3	68	3	82	3	95	4	09	4	23	4	36
3	4	50	4	64	4	77	4	91	5	05	5	18	5	32	5	45	5	59	5	73	5	86
4	6	»	6	14	6	27	6	41	6	55	6	68	6	82	6	95	7	09	7	23	7	36
5	7	50	7	64	7	77	7	91	8	05	8	18	8	32	8	45	8	59	8	73	8	86
6	9	»	9	14	9	27	9	41	9	55	9	68	9	82	9	95	10	09	10	23	10	36
7	10	50	10	64	10	77	10	91	11	05	11	18	11	32	11	45	11	59	11	73	11	86
8	12	»	12	14	12	27	12	41	12	55	12	68	12	82	12	95	13	09	13	23	13	36
9	13	50	13	64	13	77	13	91	14	05	14	18	14	32	14	45	14	59	14	73	14	86
10	15	»	15	14	15	27	15	41	15	55	15	68	15	82	15	95	16	09	16	23	16	36
11	16	50	16	64	16	77	16	91	17	05	17	18	17	32	17	45	17	59	17	73	17	86
12	18	»	18	14	18	27	18	41	18	55	18	68	18	82	18	95	19	09	19	23	19	36
13	19	50	10	64	19	77	19	91	20	05	20	18	20	32	20	45	20	59	20	73	20	86
14	21	»	21	14	21	27	21	41	21	55	21	68	21	82	21	95	22	09	22	23	22	36
15	22	50	22	64	22	77	22	91	23	05	23	18	23	32	23	45	23	59	23	73	23	86
16	24	»	24	14	24	27	24	41	24	55	24	68	24	82	24	95	25	09	25	23	25	36
17	25	50	25	64	25	77	25	91	26	05	26	18	26	32	26	45	26	59	26	73	26	86
18	27	»	27	14	27	27	27	41	27	55	27	68	27	82	27	95	28	09	28	23	28	36
19	28	50	28	64	28	77	28	91	29	05	29	18	29	32	29	45	29	59	29	73	29	86
20	30	»	30	14	30	27	30	41	30	55	30	68	30	82	30	95	31	09	31	23	31	36

A 1 FR. 50 C.

JOURNÉES.	1 heure.		2 heures.		3 heures.		4 heures.		5 heures.		6 heures.		7 heures.		8 heures.		9 heures.		10 heures.	
	fr.	c.	fr.	c.	fr.	c.	fr.	c.	fr.	c.	fr.	c.	fr.	c.	fr.	c.	fr.	c.	fr.	c.
21	31	50	31	64	31	77	31	91	32	05	32	18	32	32	32	45	32	59	32	73	32	86
22	33	»	33	14	33	27	33	41	33	55	33	68	33	82	33	95	34	09	34	23	34	36
23	34	50	34	64	34	77	34	91	35	05	35	18	35	32	35	45	35	59	35	73	35	86
24	36	»	36	14	36	27	36	41	36	55	36	68	36	82	36	95	37	09	37	23	37	36
25	37	50	37	64	37	77	37	91	38	05	38	18	38	32	38	45	38	59	38	73	38	86
26	39	»	39	14	39	27	39	41	39	55	39	68	39	82	39	95	40	09	40	23	40	36
27	40	50	40	64	40	77	40	91	41	05	41	18	41	32	41	45	41	59	41	73	41	86
28	42	»	42	14	42	27	42	41	42	55	42	68	42	82	42	95	43	09	43	23	43	36
29	43	50	43	64	43	77	43	91	44	05	44	18	44	32	44	45	44	59	44	73	44	86
30	45	»	45	14	45	27	45	41	45	55	45	68	45	82	45	95	46	09	46	23	46	36
31	46	50	46	64	46	77	46	91	47	05	47	18	47	32	47	45	47	59	47	73	47	86
32	48	»	48	14	48	27	48	41	48	55	48	68	48	82	48	95	49	09	49	23	49	36
33	49	50	49	64	49	77	49	91	50	05	50	18	50	32	50	45	50	59	50	73	50	86
34	51	»	51	14	51	27	51	41	51	55	51	68	51	82	51	95	52	09	52	23	52	36
35	52	50	52	64	52	77	52	91	53	05	53	18	53	32	53	45	53	59	53	73	53	86
36	54	»	54	14	54	27	54	41	54	55	54	68	54	82	54	95	55	09	55	23	55	36
37	55	50	55	64	55	77	55	91	56	05	56	18	56	32	56	45	56	59	56	73	56	86
38	57	»	57	14	57	27	57	41	57	55	57	68	57	82	57	95	58	09	58	23	58	36
39	58	50	58	64	58	77	58	91	59	05	59	18	59	32	59	45	59	59	59	73	59	86
40	60	»	60	14	60	27	60	41	60	55	60	68	60	82	60	95	61	09	61	23	61	36
FRACTIONS :	0	14	0	27	0	41	0	55	0	68	0	82	0	95	1	09	1	23	1	36

A 1 FR. 75 C.

JOURNÉES.	1 heure.		2 heures.		3 heures.		4 heures.		5 heures.		6 heures.		7 heures.		8 heures.		9 heures.		10 heures.	
	fr.	c.	fr.	c.	fr.	c.	fr.	c.	fr.	c.	fr.	c.	fr.	c.	fr.	c.	fr.	c.	fr.	c.	fr.	c.
1	1	75	1	91	2	07	2	23	2	39	2	55	2	70	2	86	3	02	3	18	3	34
2	3	50	3	66	3	82	3	98	4	14	4	30	4	45	4	61	4	77	4	93	5	09
3	5	25	5	41	5	57	5	73	5	89	6	05	6	20	6	36	6	52	6	68	6	84
4	7	»	7	16	7	32	7	48	7	64	7	80	7	95	8	11	8	27	8	43	8	59
5	8	75	8	91	9	07	9	23	9	39	9	55	9	70	9	86	10	02	2	18	10	34
6	10	50	10	66	10	82	10	98	11	14	11	30	11	45	11	61	11	77	11	93	12	09
7	12	25	12	41	12	57	12	73	12	89	13	05	13	20	13	36	13	52	13	68	13	84
8	14	»	14	16	14	32	14	48	14	64	14	80	14	95	15	11	11	27	15	43	15	59
9	15	75	15	91	16	07	16	23	16	39	16	55	16	70	16	86	17	02	17	18	17	34
10	17	50	17	66	17	82	17	98	18	14	18	30	18	45	18	61	18	77	18	93	19	09
11	19	25	19	41	19	57	19	73	19	89	20	05	20	20	20	36	20	52	20	68	20	84
12	21	»	21	16	21	32	21	48	21	64	21	80	21	95	22	11	22	27	22	43	22	59
13	22	75	22	91	23	07	23	23	23	39	23	55	23	70	23	86	24	02	24	18	24	34
14	24	50	24	66	24	82	24	98	25	14	25	30	25	45	25	61	25	77	25	93	26	09
15	26	25	26	41	26	57	26	73	26	89	27	05	27	20	27	36	27	52	27	68	27	84
16	28	»	28	16	28	32	28	48	28	64	28	80	28	95	29	11	29	27	29	43	29	59
17	29	75	29	91	30	07	30	23	30	39	30	55	30	70	30	86	31	02	31	18	31	34
18	31	50	31	66	31	82	31	98	32	14	32	30	32	45	32	61	32	77	32	93	33	09
19	33	25	33	41	33	57	33	73	33	89	34	05	34	20	34	36	34	52	34	68	34	84
20	35	»	35	16	35	32	35	48	35	64	35	80	35	95	36	11	36	27	36	43	36	59

JOURNÉES.	1 heure.		2 heures.		3 heures.		4 heures.		5 heures.		6 heures.		7 heures.		8 heures.		9 heures.		10 heures.	
	fr.	c.	fr.	c.	fr.	c.	fr.	c.	fr.	c.	fr.	c.	fr.	c.	fr.	c.	fr.	c.	fr.	c.
21	36	75	36	91	37	07	37	23	37	39	37	55	37	70	37	86	38	02	38	18	38	34
22	38	50	38	66	38	82	38	98	39	14	39	30	39	45	39	61	39	77	39	93	40	09
23	40	25	40	41	40	57	40	73	40	89	41	05	41	20	41	36	41	52	41	68	41	84
24	42	»	42	16	42	32	42	48	42	64	42	80	42	95	43	11	43	27	43	43	43	59
25	43	75	43	91	44	07	44	23	44	39	44	55	44	70	44	86	45	02	45	18	45	34
26	45	50	45	66	45	82	45	98	46	14	46	30	46	45	46	61	46	77	46	93	47	09
27	47	25	47	41	47	57	47	73	47	89	48	05	48	20	48	36	48	52	48	68	48	84
28	49	»	49	16	49	32	49	48	49	64	49	80	49	95	50	11	50	27	50	43	50	59
29	50	75	50	91	51	07	51	23	51	39	51	55	51	70	51	86	52	02	52	18	52	34
30	52	50	52	66	52	82	52	98	53	14	53	30	53	45	53	61	53	77	53	93	54	09
31	54	25	54	41	54	57	54	73	54	89	55	05	55	20	55	36	55	52	55	68	55	84
32	56	«	56	16	56	32	56	48	56	64	56	80	56	95	57	11	57	27	57	43	57	59
33	57	75	57	91	58	07	58	23	58	39	58	55	58	70	58	86	59	02	59	18	59	34
34	59	50	59	66	59	82	59	98	60	14	60	30	60	45	60	61	60	77	60	93	61	09
35	61	25	61	41	61	57	61	73	61	89	62	05	62	20	62	36	62	52	62	68	62	84
36	63	»	63	16	63	32	63	48	63	64	63	80	63	95	64	11	64	27	64	43	64	59
37	64	75	64	91	65	07	65	23	65	39	65	55	65	70	65	86	66	02	66	18	66	34
38	66	50	66	66	66	82	66	98	67	14	67	30	67	45	67	61	67	77	67	93	68	09
39	68	25	68	41	68	57	68	73	68	89	69	05	69	20	69	36	69	52	69	68	69	84
40	70	»	70	16	70	32	70	48	70	64	70	80	70	95	71	11	71	27	71	43	71	59
FRACTIONS :	0	16	0	32	0	48	0	64	0	80	0	95	1	11	1	27	1	43	1	59

A 2 FR.

JOURNÉES.		1 heure.		2 heures.		3 heures.		4 heures.		5 heures.		6 heures.		7 heures.		8 heures.		9 heures.		10 heures.	
	fr.	c.	fr.	c.	fr.	c.	fr.	c.	fr.	c.	fr.	c.	fr.	c.	fr.	c.	fr.	c.	fr.	c.	fr.	c.
1	2	»	2	18	2	36	2	55	2	73	2	91	3	09	3	27	3	45	3	64	3	82
2	4	»	4	18	4	36	4	55	4	73	4	91	5	09	5	27	5	45	5	64	5	82
3	6	»	6	18	6	36	6	55	6	73	6	91	7	09	7	27	7	45	7	64	7	83
4	8	»	8	18	8	36	8	55	8	73	8	91	9	09	9	27	9	45	9	64	9	82
5	10	»	10	18	10	36	10	55	10	73	10	91	11	09	11	27	11	45	11	64	11	82
6	12	»	12	18	12	36	12	55	12	73	12	91	13	09	13	27	13	45	13	64	13	82
7	14	»	14	18	14	36	14	55	14	73	14	91	15	09	15	27	15	45	15	64	15	82
8	16	»	16	18	16	36	16	55	16	73	16	91	17	09	17	27	17	45	17	64	17	82
9	18	»	18	18	18	36	18	55	18	73	18	91	19	09	19	27	19	45	19	64	19	82
10	20	»	20	18	20	36	20	55	20	73	20	91	21	09	21	27	21	45	21	64	21	82
11	22	»	22	18	22	36	22	55	22	73	22	91	23	09	23	27	23	45	23	64	23	82
12	24	•	24	18	24	36	24	55	24	73	24	91	25	09	25	27	25	45	25	64	25	82
13	26	»	26	18	26	36	26	55	26	73	26	91	27	09	27	27	27	45	27	64	27	82
14	28	»	28	18	28	36	28	55	28	73	28	91	29	09	29	27	29	45	29	64	29	82
15	30	»	30	18	30	36	30	55	30	73	30	91	31	09	31	27	31	45	31	64	31	82
16	32	»	32	18	32	36	32	55	32	73	32	91	33	09	33	27	33	45	33	64	33	82
17	34	»	34	18	34	36	34	55	34	73	34	91	35	09	35	27	35	45	35	64	35	82
18	36	»	36	18	36	36	36	55	36	73	36	91	37	09	37	27	37	45	37	64	37	82
19	38	«	38	18	38	36	38	55	38	73	38	91	39	09	39	27	39	45	39	64	39	82
20	40	»	40	18	40	36	40	55	40	73	40	91	41	09	41	27	41	45	41	64	41	82

JOURNÉES.	fr.	c.	1 heure.		2 heures.		3 heures.		4 heures.		5 heures.		6 heures.		7 heures.		8 heures.		9 heures.		10 heures.	
	fr.	c.	fr.	c.	fr.	c.	fr.	c.	fr.	c.	fr.	c.	fr.	c.	fr.	c.	fr.	c.	fr.	c.	fr.	c.
21	42	»	42	18	42	36	42	55	42	73	42	91	43	09	43	27	43	45	43	64	43	82
22	44	»	44	18	44	36	44	55	44	73	44	91	45	09	45	27	45	45	45	64	45	82
23	46	»	46	18	46	36	46	55	46	73	46	91	47	09	47	27	47	45	47	64	47	82
24	48	»	48	18	48	36	48	55	48	73	48	91	49	09	49	27	49	45	49	64	49	82
25	50	»	50	18	50	36	50	55	50	73	50	91	51	09	51	27	51	45	51	64	51	82
26	52	»	52	18	52	36	52	55	52	73	52	91	53	09	53	27	53	45	53	64	53	82
27	54	»	54	18	54	36	54	55	54	73	54	91	55	09	55	27	55	45	55	64	55	82
28	56	»	56	18	56	36	56	55	56	73	56	91	57	09	57	27	57	45	57	64	57	82
29	58	»	58	18	58	36	58	55	58	73	58	91	59	09	59	27	59	45	59	64	59	82
30	60	»	60	18	60	36	60	55	60	73	60	91	61	09	61	27	61	45	61	64	61	82
31	62	«	62	18	62	36	62	55	62	73	62	91	63	09	63	27	63	45	63	64	63	82
32	64	»	64	18	64	36	64	55	64	73	64	91	65	09	65	27	65	45	65	64	65	82
33	66	»	66	18	66	36	66	55	66	73	66	91	67	09	67	27	67	45	67	64	67	82
34	68	»	68	18	68	36	68	55	68	73	68	91	69	09	69	27	69	45	69	64	69	82
35	70	»	70	18	70	36	70	55	70	73	70	91	71	09	71	27	71	45	71	64	71	82
36	72	»	72	18	72	36	72	55	72	73	72	91	73	09	73	27	73	45	73	64	73	82
37	74	»	74	18	74	36	74	55	74	73	74	91	75	09	75	27	75	45	75	64	75	82
38	76	»	76	18	76	36	76	55	76	73	76	91	77	09	77	27	77	45	77	64	77	82
39	78	»	78	18	78	36	78	55	78	73	78	91	79	09	79	27	79	45	79	64	79	82
40	80	»	80	18	80	36	80	55	80	73	80	91	81	09	81	27	81	45	81	64	81	82
FRACTIONS :			0	18	0	36	0	55	0	73	0	91	1	09	1	27	1	45	1	64	1	82

A 2 FR. 25 C.

JOURNÉES.	1 heure.		2 heures.		3 heures.		4 heures.		5 heures.		6 heures.		7 heures.		8 heures.		9 heures.		10 heures.	
	fr.	c.	fr.	c.	fr.	c.	fr.	c.	fr.	c.	fr.	c.	fr.	c.	fr.	c.	fr.	c.	fr.	c.
1	2	25	2	45	2	66	2	86	3	07	3	27	3	48	3	68	3	89	4	09	4	29
2	4	50	4	70	4	91	5	11	5	32	5	52	5	73	5	93	6	14	6	34	6	54
3	6	75	6	95	7	16	7	36	7	57	7	77	7	98	8	18	8	39	8	59	8	79
4	9	»	9	20	9	41	9	61	9	82	10	02	10	23	10	43	10	64	10	84	11	04
5	11	25	11	45	11	66	11	86	12	07	12	27	12	48	12	68	12	89	13	09	13	29
6	13	50	13	70	13	91	14	11	14	32	14	52	14	73	14	93	15	14	15	34	15	54
7	15	75	15	95	16	16	16	36	16	57	16	77	16	98	17	18	17	39	17	59	17	79
8	18	»	18	20	18	41	18	61	18	82	19	02	19	23	19	43	19	64	19	84	20	04
9	20	25	20	45	20	66	20	86	21	07	21	27	21	48	21	68	21	89	22	09	22	29
10	22	50	22	70	22	91	23	11	23	32	23	52	23	73	23	93	24	14	24	34	24	54
11	24	75	24	95	25	16	25	36	25	57	25	77	25	98	26	18	26	39	26	59	26	79
12	27	»	27	20	27	41	27	61	27	82	28	02	28	23	28	43	28	64	28	84	29	04
13	29	25	29	45	29	66	29	86	30	07	30	27	30	48	30	68	30	89	31	09	31	29
14	31	50	31	70	31	91	32	11	32	32	32	52	32	73	32	93	33	14	33	34	33	54
15	33	75	33	95	34	16	34	36	34	57	34	77	34	98	35	18	35	39	35	59	35	79
16	36	»	36	20	36	41	36	61	36	82	37	02	37	23	37	43	37	64	37	84	38	04
17	38	25	38	45	38	66	38	86	39	07	39	27	39	48	39	68	39	89	40	09	40	29
18	40	50	40	70	40	91	41	11	41	32	41	52	41	73	41	93	42	14	42	34	42	54
19	42	75	42	95	43	16	43	36	43	57	43	77	43	98	44	18	44	39	44	59	44	79
20	45	»	45	20	45	41	45	61	45	82	46	02	46	23	46	43	46	64	46	84	47	04

JOURNÉES	1 heure.		2 heures.		3 heures.		4 heures.		5 heures.		6 heures.		7 heures.		8 heures.		9 heures.		10 heures.	
	fr.	c.	fr.	c.	fr.	c.	fr.	c.	fr.	c.	fr.	c.	fr.	c.	fr.	c.	fr.	c.	fr.	c.
21	47	25	47	45	47	66	47	86	48	07	48	27	48	48	48	68	48	89	49	09	49	29
22	49	50	49	70	49	91	50	11	50	32	50	52	50	73	50	93	51	14	51	34	51	54
23	51	75	51	95	52	16	52	36	52	57	52	77	52	98	53	18	53	39	53	59	53	79
24	54	»	54	20	54	41	54	61	54	82	55	02	55	23	55	43	55	64	55	84	56	04
25	56	25	56	45	56	66	56	86	57	07	57	27	57	48	57	68	57	89	58	09	58	29
26	58	50	58	70	58	91	59	11	59	32	59	52	59	73	59	93	60	14	60	34	60	54
27	60	75	60	95	61	16	61	36	61	57	61	77	61	98	62	18	62	39	62	59	63	79
28	63	»	63	20	63	41	63	61	63	82	64	02	64	23	64	43	64	64	64	84	65	04
29	65	25	65	45	65	66	65	86	66	07	66	27	66	48	66	68	66	89	67	09	67	29
30	67	50	67	70	67	91	68	11	68	32	68	52	68	73	68	93	69	14	69	34	69	54
31	69	75	69	95	70	16	70	36	70	57	70	77	70	98	71	18	71	39	71	59	71	79
32	72	»	72	20	72	41	72	61	72	82	73	02	73	23	73	43	73	64	73	84	74	04
33	74	25	74	45	74	66	74	86	75	07	75	27	75	48	75	68	75	89	76	09	76	29
34	76	50	76	70	76	91	77	11	77	32	77	52	77	73	77	93	78	14	78	34	78	54
35	78	75	78	95	79	16	79	36	79	57	79	77	79	98	80	18	80	39	80	59	80	79
36	81	»	81	20	81	41	81	61	81	82	82	02	82	23	82	43	82	64	82	84	83	04
37	83	25	83	45	83	66	83	86	84	07	84	27	84	48	84	68	84	89	85	09	85	29
38	85	50	85	70	85	91	86	11	86	32	86	52	86	73	86	93	87	14	87	34	87	54
39	87	75	87	95	88	16	88	36	88	57	88	77	88	98	89	18	89	39	89	59	89	79
40	90	»	90	20	90	41	90	61	90	82	91	02	91	23	91	43	91	64	91	84	92	04
FRACTIONS :	0	20	0	41	0	61	0	82	1	02	1	23	1	43	1	64	1	84	2	04		

A 2 FR. 50 C.

JOURNÉES.			1 heure.		2 heures.		3 heures.		4 heures.		5 heures.		6 heures.		7 heures.		8 heures.		9 heures		10 heures.	
	fr.	c.	fr.	c.	fr.	c.	fr.	c.	fr.	c.	fr.	c.	fr.	c.	fr.	c.	fr.	c.	fr.	c.	fr.	c.
1	2	50	2	73	2	95	3	18	3	41	3	64	3	86	4	09	4	32	4	55	4	77
2	5	»	5	23	5	45	5	68	5	91	6	14	6	36	6	59	6	82	7	05	7	27
3	7	50	7	73	7	95	8	18	8	41	8	64	8	86	9	09	9	32	9	55	9	77
4	10	»	10	23	10	45	10	68	10	91	11	14	11	36	11	59	11	82	12	05	12	27
5	12	50	12	73	12	95	13	18	13	41	13	64	13	86	14	09	14	32	14	55	14	77
6	15	»	15	23	15	45	15	68	15	91	16	14	16	36	16	59	16	82	17	05	17	27
7	17	50	17	73	17	95	18	18	18	41	18	64	18	86	19	09	19	32	19	55	19	77
8	20	»	20	23	20	45	20	68	20	91	21	14	21	36	21	59	21	82	22	05	22	27
9	22	50	22	73	22	95	23	18	23	41	23	64	23	86	24	09	24	32	24	55	24	77
10	25	»	25	23	25	45	25	68	25	91	26	14	26	36	26	59	26	82	27	05	27	27
11	27	50	27	73	27	95	28	18	28	41	28	64	28	86	29	09	29	32	29	55	29	77
12	30	»	30	23	30	45	30	68	30	91	31	14	31	36	31	59	31	82	32	05	32	27
13	32	50	32	73	32	95	33	18	33	41	33	64	33	86	34	09	34	32	34	55	34	77
14	35	»	35	23	35	45	35	68	35	91	36	14	36	36	36	59	36	82	37	05	37	27
15	37	50	37	73	37	95	38	18	38	41	38	64	38	86	39	09	39	32	39	55	39	77
16	40	»	40	23	40	45	40	68	40	91	41	14	41	36	41	59	41	82	42	05	42	27
17	42	50	42	73	42	95	43	18	43	41	43	64	43	86	44	09	44	32	44	55	44	77
18	45	»	45	23	45	45	45	68	45	91	46	14	46	36	46	59	46	82	47	05	47	27
19	47	50	47	73	47	95	48	18	48	41	48	64	48	86	49	09	49	32	49	55	49	77
20	50	»	50	23	50	45	50	68	50	91	51	14	51	36	51	59	51	82	52	05	52	27

A 2 FR. 50 C.

JOURNÉES	1 heure.		2 heures.		3 heures.		4 heures.		5 heures.		6 heures.		7 heures.		8 heures.		9 heures.		10 heures.	
	fr.	c.	fr.	c.	fr.	c.	fr.	c.	fr.	c.	fr.	c.	fr.	c.	fr.	c.	fr.	c.	fr.	c.	fr.	c.
21	52	50	52	73	52	95	53	18	53	41	53	64	53	86	54	09	54	32	54	55	54	77
22	55	»	55	23	55	45	55	68	55	91	56	14	56	36	56	59	56	82	57	05	57	27
23	57	50	57	73	57	95	58	18	58	41	58	64	58	86	59	09	59	32	59	55	59	77
24	60	»	60	23	60	45	60	68	60	91	61	14	61	36	61	59	61	82	62	05	62	27
25	62	50	62	73	62	95	63	18	63	41	63	64	63	86	64	09	64	32	64	55	64	77
26	65	»	65	23	65	45	65	68	65	91	66	14	66	36	66	59	66	82	67	05	67	27
27	67	50	67	73	67	95	68	18	68	41	68	64	68	86	69	09	69	32	69	55	69	77
28	70	»	70	23	70	45	70	68	70	91	71	14	71	36	71	59	71	82	72	05	72	27
29	72	50	72	73	72	95	73	18	73	41	73	64	73	86	74	09	74	32	74	55	74	77
30	75	»	75	23	75	45	75	68	75	91	76	14	76	36	76	59	76	82	77	05	77	27
31	77	50	77	73	77	95	78	18	78	41	78	64	78	86	79	09	79	32	79	55	79	77
32	80	»	80	23	80	45	80	68	80	91	81	14	81	36	81	59	81	82	82	05	82	27
33	82	50	82	73	82	95	83	18	83	41	83	64	83	86	84	09	84	32	84	55	84	77
34	85	»	85	23	85	45	85	68	85	91	86	14	86	36	86	59	86	82	87	05	87	27
35	87	50	87	73	87	95	88	18	88	41	88	64	88	86	89	09	89	32	89	55	89	77
36	90	»	90	23	90	45	90	68	90	91	91	14	91	36	91	59	91	82	92	05	92	27
37	92	50	92	73	92	95	93	18	93	41	93	64	93	86	94	09	94	32	94	55	94	77
38	95	»	95	23	95	45	95	68	95	91	96	14	96	36	96	59	96	82	97	05	97	27
39	97	50	97	73	97	95	98	18	98	41	98	64	98	86	99	09	99	32	99	55	99	77
40	100	»	100	23	100	45	100	68	100	91	101	14	101	36	101	59	101	82	102	05	102	27
FRACTIONS :			0	23	0	45	0	68	0	91	1	14	1	36	1	59	1	82	2	05	2	27

JOURNÉES.	1 heure.		2 heures.		3 heures.		4 heures.		5 heures.		6 heures.		7 heures.		8 heures.		9 heures.		10 heures.	
	fr.	c.	fr.	c.	fr.	c.	fr.	c.	fr.	c.	fr.	c.	fr.	c.	fr.	c.	fr.	c.	fr.	c.
1	2	75	3	»	3	25	3	50	3	75	4	»	4	25	4	50	4	75	5	»	5	25
2	5	50	5	75	6	»	6	25	6	50	6	75	7	»	7	25	7	50	7	75	8	»
3	8	25	8	50	8	75	9	»	6	25	9	50	9	75	10	»	10	25	10	50	10	75
4	11	»	11	25	11	50	11	75	12	»	12	25	12	50	12	75	13	»	13	25	13	50
5	13	75	14	»	14	25	14	50	14	75	15	»	15	25	15	50	15	75	16	»	16	25
6	16	50	16	75	17	»	17	25	17	50	17	75	18	»	18	25	18	50	18	75	19	»
7	19	25	19	50	19	75	20	»	20	25	20	50	20	75	21	»	21	25	21	50	21	75
8	22	»	22	25	22	50	22	75	23	»	23	25	23	50	23	75	24	»	24	25	24	50
9	24	75	25	»	25	25	25	50	25	75	26	»	26	25	26	50	26	75	27	»	27	25
10	27	50	27	75	28	»	28	25	28	50	28	75	29	»	29	25	29	50	29	75	30	»
11	30	25	30	50	30	75	31	»	31	25	31	50	31	75	32	»	32	25	32	50	32	75
12	33	»	33	25	33	50	33	75	34	»	34	25	34	50	34	75	35	»	35	25	35	50
13	35	75	36	»	36	25	36	50	36	75	37	»	37	25	37	50	37	75	38	»	38	25
14	38	50	38	75	39	»	39	25	39	50	39	75	40	»	40	25	40	50	40	75	41	»
15	41	25	41	50	41	75	42	»	42	25	42	50	42	75	43	»	43	25	43	50	43	75
16	44	»	44	25	44	50	44	75	45	»	45	25	45	50	45	75	46	»	46	25	46	50
17	46	75	47	»	47	25	47	50	47	75	48	»	48	25	48	50	48	75	49	»	49	25
18	49	50	49	75	50	»	50	25	50	50	50	75	51	»	51	25	51	50	51	75	52	»
19	52	25	52	50	52	75	53	»	53	25	53	50	53	75	54	»	54	25	54	50	54	75
20	55	»	55	25	55	50	55	75	56	»	56	25	56	50	56	75	57	»	57	25	57	50

A 2 FR. 75 C.

JOURNÉES.	1 heure.		2 heures.		3 heures.		4 heures.		5 heures.		6 heures.		7 heures.		8 heures.		9 heures.		10 heures.	
	fr.	c.	fr.	c.	fr.	c.	fr.	c.	fr.	c.	fr.	c.	fr.	c.	fr.	c.	fr.	c.	fr.	c.
21	57	75	58	»	58	25	58	50	58	75	59	»	59	25	59	50	59	75	60	»	60	25
22	60	50	60	75	61	»	61	25	61	50	61	75	62	»	62	25	62	50	62	75	63	»
23	63	25	63	50	63	75	64	»	64	25	64	50	64	75	65	»	65	25	65	50	65	75
24	66	»	66	25	66	50	66	75	67	»	67	25	67	50	67	75	68	»	68	25	68	50
25	68	75	69	»	69	25	69	50	69	75	70	»	70	25	70	50	70	75	71	»	71	25
26	71	50	71	75	72	»	72	25	72	50	72	75	73	»	73	25	73	50	73	75	74	»
27	74	25	74	50	74	75	75	»	75	25	75	50	75	75	76	»	76	25	76	50	76	75
28	77	»	77	25	77	50	77	75	78	»	78	25	78	50	78	75	79	»	79	25	79	50
29	79	75	80	»	80	25	80	50	80	75	81	»	81	25	81	50	81	75	82	»	82	25
30	82	50	82	75	83	»	83	25	83	50	83	75	84	»	84	25	84	50	84	75	85	»
31	85	25	85	50	85	75	86	»	86	25	86	50	86	75	87	»	87	25	87	50	87	75
32	88	»	88	25	88	50	88	75	89	»	89	25	89	50	89	75	90	»	90	25	90	50
33	90	75	91	»	91	25	91	50	91	75	92	»	92	25	92	50	92	75	93	.	93	25
34	93	50	93	75	94	»	94	25	94	50	94	75	95	»	95	25	95	50	95	75	96	»
35	96	25	96	50	96	75	97	»	97	25	97	50	97	75	98	»	98	25	98	50	98	75
36	99	»	99	25	99	50	99	75	100	»	100	25	100	50	100	75	101	»	101	25	101	50
37	101	75	102	»	102	25	102	50	102	75	103	»	103	25	103	50	103	75	104	»	104	25
38	104	50	104	75	105	»	105	25	105	50	105	75	106	»	106	25	106	50	106	75	107	»
39	107	25	107	50	107	75	108	»	108	25	108	50	108	75	109	»	109	25	109	50	109	75
40	110	»	110	25	110	50	110	75	111	»	111	25	111	50	111	75	112	»	112	25	112	50

FRACTIONS : 0 25 0 50 0 75 1 00 1 25 1 50 1 75 2 00 2 25 2 50

A 3 FR.

JOURNÉES			1 heure.		2 heures.		3 heures.		4 heures.		5 heures.		6 heures.		7 heures.		8 heures.		9 heures.		10 heures.	
	fr.	c.	fr.	c.	fr.	c.	fr.	c.	fr.	c.	fr.	c.	fr.	c.	fr.	c.	fr.	c.	fr.	c.	fr.	c.
1	3	»	3	27	3	55	3	82	4	09	4	36	4	64	4	91	5	18	5	45	5	73
2	6	»	6	27	6	55	6	82	7	09	7	36	7	64	7	91	8	18	8	45	8	73
3	9	»	9	27	9	55	9	82	10	09	10	36	10	64	10	91	11	18	11	45	11	73
4	12	»	12	27	12	55	12	82	13	09	13	36	13	64	13	91	14	18	14	45	14	73
5	15	»	15	27	15	55	15	82	16	09	16	36	16	64	16	91	17	18	17	45	17	73
6	18	»	18	27	18	55	18	82	19	09	19	36	19	64	19	91	20	18	20	45	20	73
7	21	»	21	27	21	55	21	82	22	09	22	36	22	64	22	91	23	18	23	45	23	73
8	24	»	24	27	24	55	24	82	25	09	25	36	25	64	25	91	26	18	26	45	26	73
9	27	»	27	27	27	55	27	82	28	09	28	36	28	64	28	91	29	18	29	45	29	73
10	30	»	30	27	30	55	30	82	31	09	31	36	31	64	31	91	32	18	32	45	32	73
11	33	»	33	27	33	55	33	82	34	09	34	36	34	64	34	91	35	18	35	45	35	73
12	36	»	36	27	36	55	36	82	37	09	37	36	37	64	37	91	38	18	38	45	38	73
13	39	»	39	27	39	55	39	82	40	09	40	36	40	64	40	91	41	18	41	45	41	73
14	42	»	42	27	42	55	42	82	43	09	43	36	43	64	43	91	44	18	44	45	44	73
15	45	»	45	27	45	55	45	82	46	09	46	36	46	64	46	91	47	18	47	45	47	73
16	48	»	48	27	48	55	48	82	49	09	49	36	49	64	49	91	50	18	50	45	50	73
17	51	»	51	27	51	55	51	82	52	09	52	36	52	64	52	91	53	18	53	45	53	73
18	54	»	54	27	54	55	54	82	55	09	55	36	55	64	55	91	56	18	56	45	56	73
19	57	»	57	27	57	55	57	82	58	09	58	36	58	64	58	91	59	18	59	45	59	73
20	60	»	60	27	60	55	60	82	61	09	61	36	61	64	61	91	62	18	62	45	62	73

JOURNÉES.	1 heure.		2 heures.		3 heures.		4 heures.		5 heures.		6 heures.		7 heures.		8 heures.		9 heures.		10 heures.	
	fr.	c.	fr.	c.	fr.	c.	fr.	c.	fr.	c.	fr.	c.	fr.	c.	fr.	c.	fr.	c.	fr.	c.
21	63	»	63	27	63	55	63	82	64	09	64	36	64	64	64	91	65	18	65	45	65	73
22	66	»	66	27	66	55	66	82	67	09	67	36	67	64	67	91	68	18	68	45	68	73
23	69	»	69	27	69	55	69	82	70	09	70	36	70	64	70	91	71	18	71	45	71	73
24	72	»	72	27	72	55	72	82	73	09	73	36	73	64	73	91	74	18	74	45	74	73
25	75	»	75	27	75	55	75	82	76	09	76	36	76	64	76	91	77	18	77	45	77	73
26	78	»	78	27	78	55	78	82	79	09	79	36	79	64	79	91	80	18	80	45	80	73
27	81	»	81	27	81	55	81	82	82	09	82	36	82	64	82	91	83	18	83	45	83	73
28	84	»	84	27	84	55	84	82	85	09	85	36	85	64	85	91	86	18	86	45	86	73
29	87	»	87	27	87	55	87	82	88	09	88	36	88	64	88	91	89	18	89	45	89	73
30	90	»	90	27	90	55	90	82	91	09	91	36	91	64	91	91	92	18	92	45	92	73
31	93	»	93	27	93	55	93	82	94	09	94	36	94	64	94	91	95	18	95	45	95	73
32	96	»	96	27	96	55	96	82	97	09	97	36	97	64	97	91	98	18	98	45	98	73
33	99	»	99	27	99	55	99	82	100	09	100	36	100	64	100	91	101	18	101	45	101	73
34	102	»	102	27	102	55	102	82	103	09	103	36	103	64	103	91	104	18	104	45	104	73
35	105	»	105	27	105	55	105	82	106	09	106	36	106	64	106	91	107	18	107	45	107	73
36	108	»	108	27	108	55	108	82	109	09	109	36	109	64	109	91	110	18	110	45	110	73
37	111	»	111	27	111	55	111	82	112	09	112	36	112	64	112	91	113	18	113	45	113	73
38	114	»	114	27	114	55	114	82	115	09	115	36	115	64	115	91	116	18	116	45	116	73
39	117	»	117	27	117	55	117	82	118	09	118	36	118	64	118	91	119	18	119	45	119	73
40	120	»	120	27	120	55	120	82	121	09	121	36	121	64	121	91	122	18	122	45	122	73
FRACTIONS :	0	27	0	55	0	82	1	09	1	36	1	64	1	91	2	18	2	45	2	73

A 3 FR. 25 C.

JOURNÉES.		1 heure.		2 heures.		3 heures.		4 heures.		5 heures.		6 heures.		7 heures.		8 heures.		9 heures.		10 heures.	
	fr.	c.	fr.	c.	fr.	c.	fr.	c.	fr.	c.	fr.	c.	fr.	c.	fr.	c.	fr.	c.	fr.	c.	fr.	c.
1	3	25	3	55	3	84	4	14	4	43	4	73	5	02	5	32	5	61	5	91	6	20
2	6	50	6	80	7	09	7	39	7	68	7	98	8	27	8	57	8	86	9	16	9	45
3	9	75	10	05	10	34	10	64	10	93	11	23	11	52	11	82	12	11	12	41	12	70
4	13	»	13	30	13	59	13	89	14	18	14	48	14	77	15	07	15	36	15	66	15	95
5	16	25	16	55	16	84	17	14	17	43	17	73	18	02	18	32	18	61	18	91	19	20
6	19	50	19	80	20	09	20	39	20	68	20	98	21	27	21	57	21	86	22	16	22	45
7	22	75	23	05	23	34	23	64	23	93	24	23	24	52	24	82	25	11	25	41	25	70
8	26	»	26	30	26	59	26	89	27	18	27	48	27	77	28	07	28	36	28	66	28	95
9	29	25	29	55	29	84	30	14	30	43	30	73	31	02	31	32	31	61	31	91	32	20
10	32	50	32	80	33	09	33	39	33	68	33	98	34	27	34	57	34	86	35	16	35	45
11	35	75	36	05	36	34	36	64	36	93	37	23	37	52	37	82	38	11	38	41	38	70
12	39	»	39	30	39	59	39	89	40	18	40	48	40	77	41	07	41	36	41	66	41	95
13	42	25	42	55	42	84	43	14	43	43	43	73	44	02	44	32	44	61	44	91	45	20
14	45	50	45	80	46	09	46	39	46	68	46	98	47	27	47	57	47	86	48	16	48	45
15	48	75	49	05	49	34	49	64	49	93	50	23	50	52	50	82	51	11	51	41	51	70
16	52	»	52	30	52	59	52	89	53	18	53	48	53	77	54	07	54	36	54	66	54	95
17	55	25	55	55	55	84	56	14	56	43	56	73	57	02	57	32	57	61	57	91	58	20
18	58	50	58	80	59	09	59	39	59	68	59	98	60	27	60	57	60	86	61	16	61	45
19	61	75	62	05	62	34	62	64	62	93	63	23	63	52	63	82	64	11	64	41	64	70
20	65	»	65	30	65	59	65	89	66	18	66	48	66	77	67	07	67	36	67	66	67	95

A 3 FR. 25 C.

JOURNÉES.	1 heure.		2 heures.		3 heures.		4 heures.		5 heures.		6 heures.		7 heures.		8 heures.		9 heures.		10 heures.	
	fr.	c.	fr.	c.	fr.	c.	fr.	c.	fr.	c.	fr.	c.	fr.	c	fr.	c.	fr.	c.	fr.	c.	fr.	c.
21	68	25	68	55	68	84	69	14	69	43	69	73	70	02	70	32	70	61	70	91	71	20
22	71	50	71	80	72	09	72	39	72	68	72	98	73	27	73	57	73	86	74	16	74	45
23	74	75	75	05	75	34	75	64	75	93	76	23	76	52	76	82	77	11	77	41	77	70
24	78	»	78	30	78	59	78	89	79	18	79	48	79	77	80	07	80	36	80	66	80	95
25	81	25	81	55	81	84	82	14	82	43	82	73	83	02	83	32	83	61	83	91	84	20
26	84	50	84	80	85	09	85	39	85	68	85	98	86	27	86	57	86	86	87	16	87	47
27	87	75	88	05	88	34	88	64	88	93	89	23	89	52	89	82	90	11	90	41	90	70
28	91	»	91	30	91	59	91	89	92	18	92	48	92	77	93	07	93	36	93	66	93	95
29	94	25	94	55	94	84	95	14	95	43	95	73	96	02	96	32	96	61	96	91	97	20
30	97	50	97	80	98	09	98	39	98	68	98	98	99	27	99	57	99	86	100	16	100	45
31	100	75	101	05	101	34	101	64	101	93	102	23	102	52	102	82	103	11	103	41	103	70
32	104	»	104	30	104	59	104	89	105	18	105	48	105	77	106	07	106	36	106	66	106	95
33	107	25	107	55	107	84	108	14	108	43	108	73	109	02	109	32	109	61	109	91	110	20
34	110	50	110	80	111	09	111	39	111	68	111	98	112	27	112	57	112	86	113	16	113	45
35	113	75	114	05	114	34	114	64	114	93	115	23	115	52	115	82	116	11	116	41	116	70
36	117	»	117	30	117	59	117	89	118	18	118	48	118	77	119	07	119	36	119	66	119	95
37	120	25	120	55	120	84	121	14	121	43	121	73	122	02	122	32	122	61	122	91	123	20
38	123	50	123	80	124	09	124	39	124	68	124	98	125	27	125	57	125	86	126	16	126	45
39	126	75	127	05	127	34	127	64	127	93	128	23	128	52	128	82	129	11	129	41	129	70
40	130	»	130	30	130	59	130	89	131	18	131	48	131	77	132	07	132	36	132	66	132	95
FRACTIONS :	0	30	0	59	0	89	1	18	1	48	1	77	2	07	2	36	2	66	2	95		

c

A 3 FR. 50 C.

JOURNÉES.	1 heure.		2 heures.		3 heures.		4 heures.		5 heures.		6 heures.		7 heures.		8 heures.		9 heures.		10 heures.	
	fr.	c.	fr.	c.	fr.	c.	fr.	c.	fr.	c.	fr.	c.	fr.	c	fr.	c.	fr.	c.	fr.	c.
1	3	50	3	82	4	14	4	45	4	77	5	09	5	41	5	73	6	05	6	36	6	68
2	7	»	7	32	7	64	7	95	8	27	8	59	8	91	9	23	9	55	9	86	10	18
3	10	50	10	82	11	14	11	45	11	77	12	09	12	41	12	73	13	05	13	36	13	68
4	14	»	14	32	14	64	14	95	15	27	15	59	15	91	16	23	16	55	16	86	17	18
5	17	50	17	82	18	14	18	45	18	77	19	09	19	41	19	73	20	05	21	36	21	68
6	21	»	21	32	21	64	21	95	22	27	22	59	22	91	23	23	23	55	23	86	24	18
7	24	50	24	82	25	14	25	45	25	77	26	09	26	41	26	73	27	05	27	36	27	68
8	28	»	28	32	28	64	28	95	29	27	29	59	29	91	30	23	30	55	30	86	31	18
9	31	50	31	82	32	14	32	45	32	77	33	09	33	41	33	73	34	05	34	36	34	68
10	35	»	35	32	35	64	35	95	36	27	36	59	36	91	37	23	37	55	37	86	38	18
11	38	50	38	82	39	14	39	45	39	77	40	09	40	41	40	73	41	05	41	36	41	68
12	42	»	42	32	42	64	42	95	43	27	43	59	43	91	44	23	44	55	44	86	45	18
13	45	50	45	82	46	14	46	45	46	77	47	09	47	41	47	73	48	05	48	36	48	68
14	49	»	49	32	49	64	49	95	50	27	50	59	50	91	51	23	51	55	51	86	52	18
15	52	50	52	82	53	14	53	45	53	77	54	09	54	41	54	73	55	05	55	36	55	68
16	56	»	56	32	56	64	56	95	57	27	57	59	57	91	58	23	58	55	58	86	59	18
17	59	50	59	82	60	14	60	45	60	77	61	09	61	41	61	73	62	05	62	36	62	68
18	63	»	63	32	63	64	63	95	64	27	64	59	64	91	65	23	65	55	65	86	66	18
19	66	50	66	82	67	14	67	45	67	77	68	09	68	41	68	73	69	05	69	36	69	68
20	70	»	70	32	70	64	70	95	71	27	71	59	71	91	72	23	72	55	72	86	73	18

A 3 FR. 50 C.

JOURNÉES.		1 heure.		2 heures.		3 heures.		4 heures.		5 heures.		6 heures.		7 heures.		8 heures.		9 heures.		10 heures.	
	fr.	c.	fr.	c.	fr.	c.	fr.	c.	fr.	c.	fr.	c.	fr.	c.	fr.	c.	fr.	c.	fr.	c.	fr.	c.
21	73	50	73	82	74	14	74	45	74	77	75	09	75	41	75	73	76	05	76	36	76	68
22	77	»	77	32	77	64	77	95	78	27	78	59	78	91	79	23	79	55	79	86	80	18
23	80	50	80	82	81	14	81	45	81	77	82	09	82	41	82	73	83	05	83	36	83	68
24	84	»	84	32	84	64	84	95	85	27	85	59	85	91	86	23	86	55	86	86	87	18
25	87	50	87	82	88	14	88	45	88	77	89	09	89	41	89	73	90	05	90	36	90	68
26	91	»	91	32	91	64	91	95	92	27	92	59	92	91	93	23	93	55	93	86	94	18
27	94	50	94	82	95	14	95	45	95	77	96	09	96	41	96	73	97	05	97	36	97	68
28	98	»	98	32	98	64	98	95	99	27	99	59	99	91	100	23	100	55	100	86	101	18
29	101	50	101	82	102	14	102	45	102	77	103	09	103	41	103	73	104	05	104	36	104	68
30	105	»	105	32	105	64	105	95	106	27	106	59	106	91	107	23	107	55	107	86	108	18
31	108	50	108	82	109	14	109	45	109	77	110	09	110	41	110	73	111	05	111	36	111	68
32	112	»	112	32	112	64	112	95	113	27	113	59	113	91	114	23	114	55	114	86	115	18
33	115	50	115	82	116	14	116	45	116	77	117	09	117	41	117	73	118	05	118	36	118	68
34	119	»	119	32	119	64	119	95	120	27	120	59	120	91	121	23	121	55	121	86	122	18
35	122	50	122	82	123	14	123	45	123	77	124	09	124	41	124	73	125	05	125	36	125	68
36	126	»	126	32	126	64	126	95	127	27	127	59	127	91	128	23	128	55	128	86	129	18
37	129	50	129	82	130	14	130	45	130	77	131	09	131	41	131	73	132	05	132	36	132	68
38	133	»	133	32	133	64	133	95	134	27	134	59	134	91	135	23	135	55	135	86	136	18
39	136	50	136	82	137	14	137	45	137	77	138	09	138	41	138	73	139	05	139	36	139	68
40	140	»	140	32	140	64	140	95	141	27	141	59	141	91	142	23	142	55	142	86	143	18
FRACTIONS :		0	32	0	64	0	95	1	27	1	59	1	91	2	23	2	55	2	86	3	18

A 3 FR. 75 C.

JOURNÉES.	1 heure.		2 heures.		3 heures.		4 heures.		5 heures.		6 heures.		7 heures.		8 heures.		9 heures.		10 heures.	
	fr.	c.	fr.	c.	fr.	c.	fr.	c.	fr.	c.	fr.	c.	fr.	c.	fr.	c.	fr.	c.	fr.	c.
1	3	75	4	09	4	43	4	77	5	11	5	45	5	80	6	14	6	48	6	82	7	16
2	7	50	7	84	8	18	8	52	8	86	9	20	9	55	9	89	10	23	10	57	10	91
3	11	25	11	59	11	93	12	27	12	61	12	95	13	30	13	64	13	98	14	32	14	66
4	15	»	15	34	15	68	16	02	16	36	16	70	17	05	17	39	17	73	18	07	18	41
5	18	75	19	09	19	43	19	77	20	11	20	45	20	80	21	14	21	48	21	82	22	16
6	22	50	22	84	23	18	23	52	23	86	24	20	24	55	24	89	25	23	25	57	25	91
7	26	25	26	59	26	93	27	27	27	61	27	95	28	30	28	64	28	98	29	32	29	66
8	30	»	30	34	30	68	31	02	31	36	31	70	32	05	32	39	32	73	33	07	33	41
9	33	75	34	09	34	43	34	77	35	11	35	45	35	80	36	14	36	48	36	82	37	16
10	37	50	37	84	38	18	38	52	38	86	39	20	39	55	39	89	40	23	40	57	40	91
11	41	25	41	59	41	93	42	27	42	61	42	95	43	30	43	64	43	98	44	32	44	66
12	45	»	45	34	45	68	46	02	46	36	46	70	47	05	47	39	47	73	48	07	48	41
13	48	75	49	09	49	43	49	77	50	11	50	45	50	80	51	14	51	48	51	82	52	16
14	52	50	52	84	53	18	53	52	53	86	54	20	54	55	54	89	55	23	55	57	55	91
15	56	25	56	59	56	93	57	27	57	61	57	95	58	30	58	64	58	98	59	32	59	66
16	60	»	60	34	60	68	61	02	61	36	61	70	62	05	62	39	62	73	63	07	63	41
17	63	75	64	09	64	43	64	77	65	11	65	45	65	80	66	14	66	48	66	82	67	16
18	67	50	67	84	68	18	68	52	68	86	69	20	69	55	69	89	70	23	70	57	70	91
19	71	25	71	59	71	93	72	27	72	61	72	95	73	30	73	64	73	98	74	32	74	66
20	75	»	75	34	75	68	76	02	76	36	76	70	77	05	77	39	77	73	78	07	78	41

JOURNÉES.	1 heure.		2 heures.		3 heures.		4 heures.		5 heures.		6 heures.		7 heures.		8 heures.		9 heures.		10 heures.	
	fr.	c.	fr.	c.	fr.	c.	fr.	c.	fr.	c.	fr.	c.	fr.	c.	fr.	c.	fr.	c.	fr.	c.
21	78	75	79	09	79	43	79	77	80	11	80	45	80	80	81	14	81	48	81	82	82	16
22	82	50	82	84	83	18	83	52	83	86	84	20	84	55	84	89	85	23	85	57	85	91
23	86	25	86	59	86	93	87	27	87.	61	87	95	88	30	88	64	88	98	89	32	89	66
24	90	»	90	34	90	68	91	02	91	36	91	70	92	05	92	39	92	73	93	07	93	41
25	93	75	94	09	94	43	94	77	95	11	95	45	95	80	96	14	96	48	96	82	97	16
26	97	50	97	84	98	18	98	52	98	86	99	20	99	55	99	89	100	23	100	57	100	91
27	101	25	101	59	101	93	102	27	102	61	102	95	103	30	103	64	103	98	104	32	104	66
28	105	»	105	34	105	68	106	02	106	36	106	70	107	05	107	39	107	73	108	07	108	41
29	108	75	109	09	109	43	109	77	110	11	110	45	110	80	111	14	111	48	111	82	112	16
30	112	50	112	84	113	18	113	52	113	86	114	20	114	55	114	89	115	23	115	57	115	91
31	116	25	116	59	116	93	117	27	117	61	117	95	118	30	118	64	118	98	119	32	119	66
32	120	»	120	34	120	68	121	02	121	36	121	70	122	05	122	39	122	73	123	07	123	41
33	123	75	124	09	124	43	124	77	125	11	125	45	125	80	126	14	126	48	126	82	127	16
34	127	50	127	84	128	18	128	52	128	86	129	20	129	55	129	89	130	23	130	57	130	91
35	131	25	131	59	131	93	132	27	132	61	132	95	133	30	133	64	133	98	134	32	134	66
36	135	»	135	34	135	68	136	02	136	36	136	70	137	05	137	39	137	73	138	07	138	41
37	138	75	139	09	139	43	139	77	140	11	140	45	140	80	141	14	141	48	141	82	142	16
38	142	50	142	84	143	18	143	52	143	86	144	20	144	55	144	89	145	23	145	57	145	91
39	146	25	146	59	146	93	147	27	147	61	147	95	148	30	148	64	148	98	149	32	149	66
40	150	»	150	34	150	68	151	02	151	36	151	70	152	05	152	39	152	73	153	07	153	41
FRACTIONS :	0	34	0	68	1	02	1	36	1	70	2	05	2	39	2	73	3	07	3	41		

A 4 FR.

JOURNÉES.	1 heure.		2 heures.		3 heures.		4 heures.		5 heures.		6 heures.		7 heures.		8 heures.		9 heures.		10 heures.	
	fr.	c.	fr.	c.	fr.	c.	fr.	c.	fr.	c.	fr.	c.	fr.	c.	fr.	c.	fr.	c.	fr.	c.
1	4	»	4	36	4	73	5	09	5	45	5	82	6	18	6	55	6	91	7	27	7	64
2	8	»	8	36	8	73	9	09	9	45	9	82	10	18	10	55	10	91	11	27	11	64
3	12	»	12	36	12	73	13	09	13	45	13	82	14	18	14	55	14	91	15	27	15	64
4	16	»	16	36	16	73	17	09	17	45	17	82	18	18	18	55	18	91	19	27	19	64
5	20	»	20	36	20	73	21	09	21	45	21	82	22	18	22	55	22	91	23	27	23	64
6	24	»	24	36	24	73	25	09	25	45	25	82	26	18	26	55	26	91	27	27	27	64
7	28	»	28	36	28	73	29	09	29	45	29	82	30	18	30	55	30	91	31	27	31	64
8	32	»	32	36	32	73	33	09	33	45	33	82	34	18	34	55	34	91	35	27	35	64
9	36	»	36	36	36	73	37	09	37	45	37	82	38	18	38	55	38	91	39	27	39	64
10	40	»	40	36	40	73	41	09	41	45	41	82	42	18	42	55	42	91	43	27	43	64
11	44	»	44	36	44	73	45	09	45	45	45	82	46	18	46	55	46	91	47	27	47	64
12	48	»	48	36	48	73	49	09	49	45	49	82	50	18	50	55	50	91	51	27	51	64
13	52	»	52	36	52	73	53	09	53	45	53	82	54	18	54	55	54	91	55	27	55	64
14	56	»	56	36	56	73	57	09	57	45	57	82	58	18	58	55	58	91	59	27	59	64
15	60	»	60	36	60	73	61	09	61	45	61	82	62	18	62	55	62	91	63	27	63	64
16	64	»	64	36	64	73	65	09	65	45	65	82	66	18	66	55	66	91	67	27	67	64
17	68	»	68	36	68	73	69	09	69	45	69	82	70	18	70	55	70	91	71	27	71	64
18	72	»	72	36	72	73	73	09	73	45	73	82	74	18	74	55	74	91	75	27	75	64
19	76	»	76	36	76	73	77	09	77	45	77	82	78	18	78	55	78	91	79	27	79	64
20	80	»	80	36	80	73	81	09	81	45	81	82	82	18	82	55	82	91	83	27	83	64

JOURNÉES	1 heure.		2 heures.		3 heures.		4 heures.		5 heures.		6 heures.		7 heures.		8 heures.		9 heures.		10 heures.	
	fr.	c.	fr.	c.	fr.	c.	fr.	c.	fr.	c.	fr.	c.	fr.	c.	fr.	c.	fr.	c.	fr.	c.
21	84	»	84	36	84	73	85	09	85	45	85	82	86	18	86	55	86	91	87	27	87	64
22	88	»	88	36	88	73	89	09	89	45	89	82	90	18	90	55	90	91	91	27	91	64
23	92	»	92	36	92	73	93	09	93	45	93	82	94	18	94	55	94	91	95	27	95	64
24	96	»	96	36	96	73	97	09	97	45	97	82	98	18	98	55	98	91	99	27	99	64
25	100	»	100	36	100	73	101	09	101	45	101	82	102	18	102	55	102	91	103	27	103	64
26	104	»	104	36	104	73	105	09	105	45	105	82	106	18	106	55	106	91	107	27	107	64
27	108	»	108	36	108	73	109	09	109	45	109	82	110	18	110	55	110	91	111	27	111	64
28	112	»	112	36	112	73	113	09	113	45	113	82	114	18	114	55	114	91	115	27	115	64
29	116	»	116	36	116	73	117	09	117	45	117	82	118	18	118	55	118	91	119	27	119	64
30	120	»	120	36	120	73	121	09	121	45	121	82	122	18	122	55	122	91	123	27	123	64
31	124	»	124	36	124	73	125	09	125	45	125	82	126	18	126	55	126	91	127	27	127	64
32	128	»	128	36	128	73	129	09	129	45	129	82	130	18	130	55	130	91	131	27	131	64
33	132	»	132	36	132	73	133	09	133	45	133	82	134	18	134	55	134	91	135	27	135	64
34	136	»	136	36	136	73	137	09	137	45	137	82	138	18	138	55	138	91	139	27	139	64
35	140	»	140	36	140	73	141	09	141	45	141	82	142	18	142	55	142	91	143	27	143	64
36	144	»	144	36	144	73	145	09	145	45	145	82	146	18	146	55	146	91	147	27	147	64
37	148	»	148	36	148	73	149	09	149	45	149	82	150	18	150	55	150	91	151	27	151	64
38	152	»	152	36	152	73	153	09	153	45	153	82	154	18	154	55	154	91	155	27	155	64
39	156	»	156	36	156	73	157	09	157	45	157	82	158	18	158	55	158	91	159	27	159	64
40	160	»	160	36	160	73	161	09	161	45	161	82	162	18	162	55	162	91	163	27	163	64

FRACTIONS : 0 36 — 0 73 — 1 09 — 1 45 — 1 82 — 2 18 — 2 55 — 2 91 — 3 27 — 3 64

A 4 FR. 25 C.

JOURNÉES.	1 heure.		2 heures.		3 heures.		4 heures.		5 heures.		6 heures.		7 heures.		8 heures.		9 heures.		10 heures.	
	fr.	c.	fr.	c.	fr.	c.	fr.	c.	fr.	c.	fr.	c	fr.	c.	fr.	c.	fr.	c.	fr.	c.	fr.	c.
1	4	25	4	64	5	02	5	41	5	80	6	18	6	57	6	95	7	34	7	73	8	11
2	8	50	8	89	9	27	9	66	10	05	10	43	10	82	11	20	11	59	11	98	12	36
3	12	75	13	14	13	52	13	91	14	30	14	68	15	07	15	45	15	84	16	23	16	61
4	17	»	17	39	17	77	18	16	18	55	18	93	19	32	19	70	20	09	20	48	20	86
5	21	25	21	64	22	02	22	41	22	80	23	18	23	57	23	95	24	34	24	73	25	11
6	25	50	25	89	26	27	26	66	27	05	27	43	27	82	28	20	28	59	28	98	29	36
7	29	75	30	14	30	52	30	91	31	30	31	68	32	07	32	45	32	84	33	23	33	61
8	34	»	34	39	34	77	35	16	35	55	35	93	36	32	36	70	37	09	37	48	37	86
9	38	25	38	64	39	02	39	41	39	80	40	18	40	57	40	95	41	34	41	73	42	11
10	42	50	42	89	43	27	43	66	44	05	44	43	44	82	45	20	45	59	45	98	46	36
11	46	75	47	14	47	52	47	91	48	30	48	68	49	07	49	45	49	84	50	23	50	61
12	51	»	51	39	51	77	52	16	52	55	52	93	53	32	53	70	54	09	54	48	54	86
13	55	25	55	64	56	02	56	41	56	80	57	18	57	57	57	95	58	34	58	73	59	11
14	59	50	59	89	60	27	60	66	61	05	61	43	61	82	62	20	62	59	62	98	63	36
15	63	75	64	14	64	52	64	91	65	30	65	68	66	07	66	45	66	84	67	23	67	61
16	68	»	68	39	68	77	69	16	69	55	69	93	70	32	70	70	71	09	71	48	71	86
17	72	25	72	64	73	02	73	41	73	80	74	18	74	57	74	95	75	34	75	73	76	11
18	76	50	76	89	77	27	77	66	78	05	78	43	78	82	79	20	79	59	79	98	80	36
19	80	75	81	14	81	52	81	91	82	30	82	68	83	07	83	45	83	84	84	23	84	61
20	85	»	85	39	85	77	86	16	86	55	86	93	87	32	87	70	88	09	88.	48	88	86

JOURNÉES.	1 heure.		2 heures.		3 heures.		4 heures.		5 heures.		6 heures.		7 heures.		8 heures.		9 heures.		10 heures.	
	fr.	c.	fr.	c.	fr.	c.	fr.	c.	fr.	c.	fr.	c.	fr.	c.	fr.	c.	fr.	c.	fr.	c.
21	89	25	89	64	90	02	90	41	90	80	91	18	91	57	91	95	92	34	92	73	93	11
22	93	50	93	89	94	27	94	66	95	05	95	43	95	82	96	20	96	59	96	98	97	36
23	97	75	98	14	98	52	98	91	99	30	99	68	100	07	100	45	100	84	101	23	101	61
24	102	»	102	39	102	77	103	16	103	55	103	93	104	32	104	70	105	09	105	48	105	86
25	106	25	106	64	107	02	107	41	107	80	108	18	108	57	108	95	109	34	109	73	110	11
26	110	50	110	89	111	27	111	66	112	05	112	43	112	82	113	20	113	59	113	98	114	36
27	114	75	115	14	115	52	115	91	116	30	116	68	117	07	117	45	117	84	118	23	118	61
28	119	»	119	39	119	77	120	16	120	55	120	93	121	32	121	70	122	09	122	48	122	86
29	123	25	123	64	124	02	124	41	124	80	125	18	125	57	125	95	126	34	126	73	127	11
30	127	50	127	89	128	27	128	66	129	05	129	43	129	82	130	20	130	59	130	98	131	36
31	131	75	132	14	132	52	132	91	133	30	133	68	134	07	134	45	134	84	135	23	135	61
32	136	»	136	39	136	77	137	16	137	55	137	93	138	32	138	70	139	09	139	48	139	86
33	140	25	140	64	141	02	141	41	141	80	142	18	142	57	142	95	143	34	143	73	144	11
34	144	50	144	89	145	27	145	66	146	05	146	43	146	82	147	20	147	59	147	98	148	36
35	148	75	149	14	149	52	149	91	150	30	150	68	151	07	151	45	151	84	152	23	152	61
36	153	»	153	39	153	77	154	16	154	55	154	93	155	32	155	70	156	09	156	48	156	86
37	157	25	157	64	158	02	158	41	158	80	159	18	159	57	159	95	160	34	160	73	161	11
38	161	50	161	89	162	27	162	66	163	05	163	43	163	82	164	20	164	59	164	98	165	36
39	165	75	166	14	166	52	166	91	167	30	167	68	168	07	168	45	168	84	169	23	169	61
40	170	»	170	39	170	77	171	16	171	55	171	93	172	32	172	70	173	09	173	48	173	86

FRACTIONS : 0 39 · 0 77 · 1 16 · 1 55 · 1 93 · 2 32 · 2 70 · 3 09 · 3 48 · 3 86

d

A 4 FR. 50 C.

JOURNÉES.	1 heure.		2 heures.		3 heures.		4 heures.		5 heures.		6 heures.		7 heures.		8 heures.		9 heures.		10 heures.	
	fr.	c.	fr.	c.	fr.	c.	fr.	c.	fr.	c.	fr.	c.	fr.	c.	fr.	c.	fr.	c.	fr.	c.
1	4	50	4	91	5	32	5	73	6	14	6	55	6	95	7	36	7	77	8	18	8	59
2	9	»	9	41	9	82	10	23	10	64	11	05	11	45	11	86	12	27	12	68	13	09
3	13	50	13	91	14	32	14	73	15	14	15	55	15	95	16	36	16	77	17	18	17	59
4	18	»	18	41	18	82	19	23	19	64	20	05	20	45	20	86	21	27	21	68	22	09
5	22	50	22	91	23	32	23	73	24	14	24	55	24	95	25	36	25	77	26	18	26	59
6	27	»	27	41	27	82	28	23	28	64	29	05	29	45	29	86	30	27	30	68	31	09
7	31	50	31	91	32	32	32	73	33	14	33	55	33	95	34	36	34	77	35	18	35	59
8	36	»	36	41	36	82	37	23	37	64	38	05	38	45	38	86	39	27	39	68	40	09
9	40	50	40	91	41	32	41	73	42	14	42	55	42	95	43	36	43	77	44	18	44	59
10	45	»	45	41	45	82	46	23	46	64	47	05	47	45	47	86	48	27	48	68	49	09
11	49	50	49	91	50	32	50	73	51	14	51	55	51	95	52	36	52	77	53	18	53	59
12	54	»	54	41	54	82	55	23	55	64	56	05	56	45	56	86	57	27	57	68	58	09
13	58	50	58	91	59	32	59	73	60	14	60	55	60	95	61	36	61	77	62	18	62	59
14	63	»	63	41	63	82	64	23	64	64	65	05	65	45	65	86	66	27	66	68	67	09
15	67	50	67	91	68	32	68	73	69	14	69	55	69	95	70	36	70	77	71	18	71	59
16	72	»	72	41	72	82	73	23	73	64	74	05	74	45	74	86	75	27	75	68	76	09
17	76	50	76	91	77	32	77	73	78	14	78	55	78	95	79	36	79	77	80	18	80	59
18	81	»	81	41	81	82	82	23	82	64	83	05	83	45	83	86	84	27	84	68	85	09
19	85	50	85	91	86	32	86	73	87	14	87	55	87	95	88	36	88	77	89	18	89	59
20	90	»	90	41	90	82	91	23	91	64	92	05	92	45	92	86	93	27	93	68	94	09

A 4 FR. 50 C.

JOURNÉES.	1 heure.		2 heures.		3 heures.		4 heures.		5 heures.		6 heures.		7 heures.		8 heures.		9 heures.		10 heures.	
	fr.	c.	fr.	c.	fr.	c.	fr.	c.	fr.	c.	fr.	c.	fr.	c.	fr.	c.	fr.	c.	fr.	c.
21	94	50	94	91	95	32	95	73	96	14	96	55	96	95	97	36	97	77	98	18	98	59
22	99	»	99	41	99	82	100	23	100	64	101	05	101	45	101	86	102	27	102	68	103	09
23	103	50	103	91	104	32	104	73	105	14	105	55	105	95	106	36	106	77	107	18	107	59
24	108	»	108	41	108	82	109	23	109	64	110	05	110	45	110	86	111	27	111	68	112	09
25	112	50	112	91	113	32	113	73	114	14	114	55	114	95	115	36	115	77	116	18	116	59
26	117	»	117	41	117	82	118	23	118	64	119	05	119	45	119	86	120	27	120	68	121	09
27	121	50	121	91	122	32	122	73	123	14	123	55	123	95	124	36	124	77	125	18	125	59
28	126	»	126	41	126	82	127	23	127	64	128	05	128	45	128	86	129	27	129	68	130	09
29	130	50	130	91	131	32	131	73	132	14	132	55	132	95	133	36	133	77	134	18	134	59
30	135	»	135	41	135	82	136	23	136	64	137	05	137	45	137	86	138	27	138	68	139	09
31	139	50	139	91	140	32	140	73	141	14	141	55	141	95	142	36	142	77	143	18	143	59
32	144	»	144	41	144	82	145	23	145	64	146	05	146	45	146	86	147	27	147	68	148	09
33	148	50	148	91	149	32	149	73	150	14	150	55	150	95	151	36	151	77	152	18	152	59
34	153	»	153	41	153	82	154	23	154	64	155	05	155	45	155	86	156	27	156	68	157	09
35	157	50	157	91	158	32	158	73	159	14	159	55	159	95	160	36	160	77	161	18	161	59
36	162	»	162	41	162	82	163	23	163	64	164	05	164	45	164	86	165	27	165	68	166	09
37	166	50	166	91	167	32	167	73	168	14	168	55	168	95	169	36	169	77	170	18	170	59
38	171	»	171	41	171	82	172	23	172	64	173	05	173	45	173	86	174	27	174	68	175	09
39	175	50	175	91	176	32	176	73	177	14	177	55	177	95	178	36	178	77	179	18	179	59
40	180	»	180	41	180	82	181	23	181	64	182	05	182	45	182	86	183	27	183	68	184	09
FRACTIONS :	0	41	0	82	1	23	1	64	2	05	2	45	2	86	3	27	3	68	4	09

A 4 FR. 75 C.

JOURNÉES.	1 heure.		2 heures.		3 heures.		4 heures.		5 heures.		6 heures.		7 heures.		8 heures.		9 heures.		10 heures.	
	fr.	c.	fr.	c.	fr.	c.	fr.	c.	fr.	c.	fr.	c.	fr.	c.	fr.	c.	fr.	c.	fr.	c.
1	4	75	5	18	5	61	6	05	6	48	6	91	7	34	7	77	8	20	8	64	9	07
2	9	50	9	93	10	36	10	80	11	23	11	66	12	09	12	52	12	95	13	39	13	82
3	14	25	14	68	15	11	15	55	15	98	16	41	16	84	17	27	17	70	18	14	18	57
4	19	»	19	43	19	86	20	30	20	73	21	16	21	59	22	02	22	45	22	89	23	32
5	23	75	24	18	24	61	25	05	25	48	25	91	26	34	26	77	27	20	27	64	28	07
6	28	50	28	93	29	36	29	80	30	23	30	66	31	09	31	52	31	95	32	39	32	82
7	33	25	33	68	34	11	34	55	34	98	35	41	35	84	36	27	36	70	37	14	37	57
8	38	»	38	43	38	86	39	30	39	73	40	16	40	59	41	02	41	45	41	89	42	32
9	42	75	43	18	43	61	44	05	44	48	44	91	45	34	45	77	46	20	46	64	47	07
10	47	50	47	93	48	36	48	80	49	23	49	66	50	09	50	52	50	95	51	39	51	82
11	52	25	52	68	53	11	53	55	53	98	54	41	54	84	55	27	55	70	56	14	56	57
12	57	»	57	43	57	86	58	30	58	73	59	16	59	59	60	02	60	45	60	89	61	32
13	61	75	62	18	62	61	63	05	63	48	63	91	64	34	64	77	65	20	65	64	66	07
14	66	50	66	93	67	36	67	80	68	23	68	66	69	09	69	52	69	95	70	39	70	82
15	71	25	71	68	72	11	72	55	72	98	73	41	73	84	74	27	74	70	75	14	75	57
16	76	»	76	43	76	86	77	30	77	73	78	16	78	59	79	02	79	45	79	89	80	32
17	80	75	81	18	81	61	82	05	82	48	82	.91	83	34	83	77	84	20	84	64	85	07
18	85	50	85	93	86	36	86	80	87	23	87	66	88	09	88	52	88	95	89	39	89	82
19	90	25	90	68	91	11	91	55	91	98	92	41	92	84	93	27	93	70	94	14	94	57
20	95	»	95	43	95	85	96	30	96	73	97	16	97	59	98	02	98	45	98	89	99	32

JOURNÉES.	1 heure.		2 heures.		3 heures.		4 heures.		5 heures.		6 heures.		7 heures.		8 heures.		9 heures.		10 heures.	
	fr.	c.	fr.	c.	fr.	c.	fr.	c.	fr.	c.	fr.	c.	fr.	c.	fr.	c.	fr.	c.	fr.	c.
21	99	75	100	18	100	61	101	05	101	48	101	91	102	34	102	77	103	20	103	64	104	07
22	104	50	104	93	105	36	105	80	106	23	106	66	107	09	107	52	107	95	108	39	108	82
23	109	25	109	68	110	11	110	55	110	98	111	41	111	84	112	27	112	70	113	14	113	57
24	114	»	114	43	114	86	115	30	115	73	116	16	116	59	117	02	117	45	117	89	118	32
25	118	75	119	18	119	61	120	05	120	48	120	91	121	34	121	77	122	20	122	64	123	07
26	123	50	123	93	124	36	124	80	125	23	125	66	126	09	126	52	126	95	127	39	227	82
27	128	25	128	68	129	11	129	55	129	98	130	41	130	84	131	27	131	70	132	14	132	57
28	133	»	133	43	133	86	134	30	134	73	135	16	135	59	136	02	136	45	136	89	137	32
29	137	75	138	18	138	61	139	05	139	48	139	91	140	34	140	77	141	20	141	64	142	07
30	142	50	142	93	143	36	143	80	144	23	144	66	145	09	145	52	145	95	146	39	146	82
31	147	25	147	68	148	11	148	55	148	98	149	41	149	84	150	27	150	70	151	14	151	57
32	152	»	152	43	152	86	153	30	153	73	154	16	154	59	155	02	155	45	155	89	156	32
33	156	75	157	18	157	61	158	05	158	48	158	91	159	34	159	77	160	20	160	64	161	07
34	161	50	161	93	162	36	162	80	163	23	163	66	164	09	164	52	164	95	165	39	165	82
35	166	25	166	68	167	11	167	55	167	98	168	41	168	84	169	27	169	70	170	14	170	57
36	171	»	171	43	171	86	172	30	172	73	173	16	173	59	174	02	174	45	174	89	175	32
37	175	75	176	18	176	61	177	05	177	48	177	91	178	34	178	77	179	20	179	64	180	07
38	180	50	180	93	181	36	181	80	182	23	182	66	183	09	183	52	183	95	184	39	184	82
39	185	25	185	68	186	11	186	55	186	98	187	41	187	84	188	27	188	70	189	14	189	57
40	190	»	190	43	190	86	191	30	191	73	192	16	192	59	193	02	193	45	193	89	194	32
FRACTIONS :	0	43	0	86	1	30	1	73	2	16	2	59	3	02	3	45	3	89	4	32		

A 5 FR.

JOURNÉES.	1 heure.		2 heures.		3 heures.		4 heures.		5 heures.		6 heures.		7 heures.		8 heures.		9 heures.		10 heures.	
	fr.	c.	fr.	c.	fr.	c.	fr.	c.	fr.	c.	fr.	c.	fr.	c.	fr.	c.	fr.	c.	fr.	c.
1	5	»	5	45	5	91	6	36	6	82	7	27	7	73	8	18	8	64	9	09	9	55
2	10	»	10	45	10	91	11	36	11	82	12	27	12	73	13	18	13	64	14	09	14	55
3	15	»	15	45	15	91	16	36	16	82	17	27	17	73	18	18	18	64	19	09	19	55
4	20	»	20	45	20	91	21	36	21	82	22	27	22	73	23	18	23	64	24	09	24	55
5	25	»	25	45	25	91	26	36	26	82	27	27	27	73	28	18	28	64	29	09	29	55
6	30	»	30	45	30	91	31	36	31	82	32	27	32	73	33	18	33	64	34	09	34	55
7	35	»	35	45	35	91	36	36	36	82	37	27	37	73	38	18	38	64	39	09	39	55
8	40	»	40	45	40	91	41	36	41	82	42	27	42	73	43	18	43	64	44	09	44	55
9	45	»	45	45	45	91	46	36	46	82	47	27	47	73	48	18	48	64	49	09	49	55
10	50	»	50	45	50	91	51	36	51	82	52	27	52	73	53	18	53	64	54	09	54	55
11	55	»	55	45	55	91	56	36	56	82	57	27	57	73	58	18	58	64	59	09	59	55
12	60	»	60	45	60	91	61	36	61	82	62	27	62	73	63	18	63	64	64	09	64	55
13	65	»	65	45	65	91	66	36	66	82	67	27	67	73	68	18	68	64	69	09	69	55
14	70	»	70	45	70	91	71	36	71	82	72	27	72	73	73	18	73	64	74	09	74	55
15	75	»	75	45	75	91	76	36	76	82	77	27	77	73	78	18	78	64	79	09	79	55
16	80	»	80	45	80	91	81	36	81	82	82	27	82	73	83	18	83	64	84	09	84	55
17	85	»	85	45	85	91	86	36	86	82	87	27	87	73	88	18	88	64	89	09	89	55
18	90	»	90	45	90	91	91	36	91	82	92	27	92	73	93	18	93	64	94	09	94	55
19	95	»	95	45	95	91	96	36	96	82	97	27	97	73	98	18	98	64	99	09	99	55
20	100	»	100	45	100	91	101	36	101	82	102	27	102	73	103	18	103	64	104	09	104	55

JOURNÉES.	1 heure.		2 heures.		3 heures.		4 heures.		5 heures.		6 heures.		7 heures.		8 heures.		9 heures.		10 heures.	
	fr.	c.	fr.	c.	fr.	c.	fr.	c.	fr.	c.	fr.	c.	fr.	c.	fr.	c.	fr.	c.	fr.	c.
21	105	»	105	45	105	91	106	36	106	82	107	27	107	73	108	18	108	64	109	09	109	55
22	110	»	110	45	110	91	111	36	111	82	112	27	112	73	113	18	113	64	114	09	114	55
23	115	»	115	45	115	91	116	36	116	82	117	27	117	73	118	18	118	64	119	09	119	55
24	120	»	120	45	120	91	121	36	121	82	122	27	122	73	123	18	123	64	124	09	124	55
25	125	»	125	45	125	91	126	36	126	82	127	27	127	73	128	18	128	64	129	09	129	55
26	130	»	130	45	130	91	131	36	131	82	132	27	132	73	133	18	133	64	134	09	134	55
27	135	»	135	45	135	91	136	36	136	82	137	27	137	73	138	18	138	64	139	09	139	55
28	140	»	140	45	140	91	141	36	141	82	142	27	142	73	143	18	143	64	144	09	144	55
29	145	»	145	45	145	91	146	36	146	82	147	27	147	73	148	18	148	64	149	09	149	55
30	150	»	150	45	150	91	151	36	151	82	152	27	152	73	153	18	153	64	154	09	154	55
31	155	»	155	45	155	91	156	36	156	82	157	27	157	73	158	18	158	64	159	09	159	55
32	160	»	160	45	160	91	161	36	161	82	162	27	162	73	163	18	163	64	164	09	164	55
33	165	»	165	45	165	91	166	36	166	82	167	27	167	73	168	18	168	64	169	09	169	55
34	170	»	170	45	170	91	171	36	171	82	172	27	172	73	173	18	173	64	174	09	174	55
35	175	»	175	45	175	91	176	36	176	82	177	27	177	73	178	18	178	64	179	09	179	55
36	180	»	180	45	180	91	181	36	181	82	182	27	182	73	183	18	183	64	184	09	184	55
37	185	»	185	45	185	91	186	36	186	82	187	27	187	73	188	18	188	64	189	09	189	55
38	190	»	190	45	190	91	191	36	191	82	192	27	192	73	193	18	193	64	194	09	194	55
39	195	»	195	45	195	91	196	36	196	82	197	27	197	73	198	18	198	64	199	09	199	55
40	200	»	200	45	200	91	201	36	201	82	202	27	202	73	203	18	203	64	204	09	204	55

FRACTIONS : 0 45   0 91   1 36   1 82   2 27   2. 73   3 18   3 64   4 09   4 55

A 5 FR. 25 C.

JOURNÉES	1 heure.		2 heures.		3 heures.		4 heures.		5 heures.		6 heures.		7 heures.		8 heures.		9 heures.		10 heures.	
	fr.	c.	fr.	c.	fr.	c.	fr.	c.	fr.	c.	fr.	c.	fr.	c	fr.	c.	fr.	c.	fr.	c.	fr.	c.
1	5	25	5	73	6	20	6	68	7	16	7	64	8	11	8	59	9	07	9	55	10	02
2	10	50	10	98	11	45	11	93	12	41	12	89	13	36	13	84	14	32	14	80	15	27
3	15	75	16	23	16	70	17	18	17	66	18	14	18	61	19	09	19	57	20	05	20	52
4	21	»	21	48	21	95	22	43	22	91	23	39	23	86	24	34	24	82	25	30	25	77
5	26	25	26	73	27	20	27	68	28	16	28	64	29	11	29	59	30	07	30	55	31	02
6	31	50	31	98	32	45	32	93	33	41	33	89	34	36	34	84	35	32	35	80	36	27
7	36	75	37	23	37	70	38	18	38	66	39	14	39	61	40	09	40	57	41	05	41	52
8	42	»	42	48	42	95	43	43	43	91	44	39	44	86	45	34	45	82	46	30	46	77
9	47	25	47	73	48	20	48	68	49	16	49	64	50	11	50	59	51	07	51	55	52	02
10	52	50	52	98	53	45	53	93	54	41	54	89	55	36	55	84	56	32	56	80	57	27
11	57	75	58	23	58	70	59	18	59	66	60	14	60	61	61	09	61	57	62	05	62	52
12	63	»	63	48	63	95	64	43	64	91	65	39	65	86	66	34	66	82	67	30	67	77
13	68	25	68	73	69	20	69	68	70	16	70	64	71	11	71	59	72	07	72	55	73	02
14	73	50	73	98	74	45	74	93	75	41	75	89	76	36	76	84	77	32	77	80	78	27
15	78	75	79	23	79	70	80	18	80	66	81	14	81	61	82	09	82	57	83	05	83	52
16	84	»	84	48	84	95	85	43	85	91	86	39	86	86	87	34	87	82	88	30	88	77
17	89	25	89	73	90	20	90	68	91	16	91	64	92	11	92	59	93	07	93	55	94	02
18	94	50	94	98	95	45	95	93	96	41	96	89	97	36	97	84	98	32	98	80	99	27
19	99	75	100	23	100	70	101	18	101	66	102	14	102	61	103	09	103	57	104	05	104	52
20	105	»	105	48	105	95	106	43	106	91	107	39	107	86	108	34	108	82	109	30	109	77

A 5 FR. 25 C.

JOURNÉES.	1 heure.		2 heures.		3 heures.		4 heures.		5 heures.		6 heures.		7 heures.		8 heures.		9 heures.		10 heures.	
	fr.	c.	fr.	c.	fr.	c.	fr.	c.	fr.	c.	fr.	c.	fr.	c.	fr.	c.	fr.	c.	fr.	c.
21	110	25	110	73	111	20	111	68	112	16	112	64	113	11	113	59	114	07	114	55	115	02
22	115	50	115	98	116	45	116	93	117	41	117	89	118	36	118	84	119	32	119	80	120	27
23	120	75	121	23	121	70	122	18	122	66	123	14	123	61	124	09	124	57	125	05	125	52
24	126	»	126	48	126	95	127	43	127	91	128	39	128	86	129	34	129	82	130	30	130	77
25	131	25	131	73	132	20	132	68	133	16	133	64	134	11	134	59	135	07	135	55	136	02
26	136	50	136	98	137	45	137	93	138	41	138	89	139	36	139	84	140	32	140	80	141	27
27	141	75	142	23	142	70	143	18	143	66	144	14	144	61	145	09	145	57	146	05	146	52
28	147	»	147	48	147	95	148	43	148	91	149	39	149	86	150	34	150	82	151	30	151	77
29	152	25	152	73	153	20	153	68	154	16	154	64	155	11	155	59	156	07	156	55	157	02
30	157	50	157	98	158	45	158	93	159	41	159	89	160	36	160	84	161	32	161	80	162	27
31	162	75	163	23	163	70	164	18	164	66	165	14	165	61	166	09	166	57	167	05	167	52
32	168	»	168	48	168	95	169	43	169	91	170	39	170	86	171	34	171	82	172	30	172	77
33	173	25	173	73	174	20	174	68	175	16	175	64	176	11	176	59	177	07	177	55	178	02
34	178	50	178	98	179	45	179	93	180	41	180	89	181	36	181	84	182	32	182	80	183	27
35	183	75	184	23	184	70	185	18	185	66	186	14	186	61	187	09	187	57	188	05	188	52
36	189	»	189	48	189	95	190	43	190	91	191	39	191	86	192	34	192	82	193	30	193	77
37	194	25	194	73	195	20	195	68	196	16	196	64	197	11	197	59	198	07	198	55	199	02
38	199	50	199	98	200	45	200	93	201	41	201	89	202	36	202	84	203	32	203	80	204	27
39	204	75	205	23	205	70	206	18	206	66	207	14	207	61	208	09	208	57	209	05	209	52
40	210	»	210	48	210	95	211	43	211	91	212	39	212	86	213	34	213	82	214	30	214	77
FRACTIONS :	0	48	0	95	1	43	1	91	2	39	2	86	3	34	3	82	4	30	4	77		

JOURNÉES		1 heure.		2 heures.		3 heures.		4 heures.		5 heures.		6 heures.		7 heures.		8 heures.		9 heures.		10 heures.	
	fr.	c.	fr.	c.	fr.	c.	fr.	c.	fr.	c.	fr.	c.	fr.	c.	fr.	c.	fr.	c.	fr.	c.	fr.	c.
1	5	50	6	»	6	50	7	»	7	50	8	»	8	50	9	»	9	50	10	»	10	50
2	11	»	11	50	12	»	12	50	13	»	13	50	14	»	14	50	15	»	15	50	16	»
3	16	50	17	»	17	50	18	»	18	50	19	»	19	50	20	»	20	50	21	»	21	50
4	22	»	22	50	23	»	23	50	24	»	24	50	25	»	25	50	26	»	26	50	27	»
5	27	50	28	»	28	50	29	»	29	50	30	»	30	50	31	»	31	50	32	»	32	50
6	33	»	33	50	34	»	34	50	35	»	35	50	36	»	36	50	37	»	37	50	38	»
7	38	50	39	»	39	50	40	»	40	50	41	»	41	50	42	»	42	50	43	»	43	50
8	44	»	44	50	45	»	45	50	46	»	46	50	47	»	47	50	48	»	48	50	49	»
9	49	50	50	»	50	50	51	»	51	50	52	»	52	50	53	»	53	50	54	»	54	50
10	55	»	55	50	56	»	56	50	57	»	57	50	58	»	58	50	59	»	59	50	60	»
11	60	50	61	»	61	50	62	»	62	50	63	»	63	50	64	»	64	50	65	»	65	50
12	66	»	66	50	67	»	67	50	68	»	68	50	69	»	69	50	70	»	70	50	71	»
13	71	50	72	»	72	50	73	»	73	50	74	»	74	50	75	»	75	50	76	»	76	50
14	77	»	77	50	78	»	78	50	79	»	79	50	80	»	80	50	81	»	81	50	82	»
15	82	50	83	»	83	50	84	»	84	50	85	»	85	50	86	»	86	50	87	»	87	50
16	88	»	88	50	89	»	89	50	90	»	90	50	91	»	91	50	92	»	92	50	93	»
17	93	50	94	»	94	50	95	»	95	50	96	»	96	50	97	»	97	50	98	»	98	50
18	99	»	99	50	100	»	100	50	101	»	101	50	102	»	102	50	103	»	103	50	104	»
19	104	50	105	»	105	50	106	»	106	50	107	»	107	50	108	»	108	50	109	»	109	50
20	110	»	110	50	111	»	111	50	112	»	112	50	113	»	113	50	114	»	114	50	115	»

A 5 FR. 50 C.

JOURNÉES.	1 heure.		2 heures.		3 heures.		4 heures.		5 heures.		6 heures.		7 heures.		8 heures.		9 heures.		10 heures.	
	fr.	c.	fr.	c.	fr.	c.	fr.	c.	fr.	c.	fr.	c.	fr.	c.	fr.	c.	fr.	c.	fr.	c.
21	115	50	116	»	116	50	117	»	117	50	118	»	118	50	119	»	119	50	120	»	120	50
22	121	»	121	50	122	»	122	50	123	»	123	50	124	»	124	50	125	»	125	50	126	»
23	126	50	127	»	127	50	128	»	128	50	129	»	129	50	130	»	130	50	131	»	131	50
24	132	»	132	50	133	»	133	50	134	»	134	50	135	»	135	50	136	»	136	50	137	»
25	137	50	138	»	138	50	139	»	139	50	140	»	140	50	141	»	141	50	142	»	142	50
26	143	»	143	50	144	»	144	50	145	»	145	50	146	»	146	50	147	»	147	50	148	»
27	148	50	149	»	149	50	150	»	150	50	151	»	151	50	152	»	152	50	153	»	153	50
28	154	»	154	50	155	»	155	50	156	»	156	50	157	»	157	50	158	»	158	50	159	»
29	159	50	160	»	160	50	161	»	161	50	162	»	162	50	163	»	163	50	164	»	164	50
30	165	»	165	50	166	»	166	50	167	»	167	50	168	»	168	50	169	»	169	50	170	»
31	170	50	171	»	171	50	172	»	172	50	173	»	173	50	174	»	174	50	175	»	175	50
32	176	»	176	50	177	»	177	50	178	»	178	50	179	»	179	50	180	»	180	50	181	»
33	181	50	182	»	182	50	183	»	183	50	184	»	184	50	185	»	185	50	186	»	186	50
34	187	»	187	50	188	»	188	50	189	»	189	50	190	»	190	50	191	»	191	50	192	»
35	192	50	193	»	193	50	194	»	194	50	195	»	195	50	196	»	196	50	197	»	197	50
36	198	»	198	50	199	»	199	50	200	»	200	50	201	»	201	50	202	»	202	50	203	»
37	203	50	204	»	204	50	205	»	205	50	206	»	206	50	207	»	207	50	208	»	208	50
38	209	»	209	50	210	»	210	50	211	»	211	50	212	»	212	50	213	»	213	50	214	»
39	214	50	215	»	215	50	216	»	216	50	217	»	217	50	218	»	218	50	219	»	219	50
40	220	»	220	50	221	»	221	50	222	»	222	50	223	»	223	50	224	»	224	50	225	»

FRACTIONS : 0 50 | 1 » | 1 50 | 2 » | 2 50 | 3 » | 3 50 | 4 » | 4 50 | 5 »

A 5 FR. 75 C.

JOURNÉES.	1 heure.		2 heures.		3 heures.		4 heures.		5 heures.		6 heures.		7 heures.		8 heures.		9 heures.		10 heures.	
	fr.	c.	fr.	c.	fr.	c.	fr.	c.	fr.	c.	fr.	c.	fr.	c.	fr.	c.	fr.	c.	fr.	c.	fr.	c.
1	5	75	6	27	6	80	7	32	7	84	8	36	8	89	9	41	9	93	10	45	10	98
2	11	50	12	02	12	55	13	07	13	59	14	11	14	64	15	16	15	68	16	20	16	73
3	17	25	17	77	18	30	18	82	19	34	19	86	20	39	20	91	21	43	21	95	22	48
4	23	»	23	52	24	05	24	57	25	09	25	61	26	14	26	66	27	18	27	70	28	23
5	28	75	29	27	29	80	30	32	30	84	31	36	31	89	32	41	32	93	33	45	33	98
6	34	50	35	02	35	55	36	07	36	59	37	11	37	64	38	16	38	68	39	20	29	73
7	40	25	40	77	41	30	41	82	42	34	42	86	43	39	43	91	44	43	44	95	45	48
8	46	»	46	52	47	05	47	57	48	09	48	61	49	14	49	66	50	18	50	70	51	23
9	51	75	52	27	52	80	53	32	53	84	54	36	54	89	55	41	55	93	56	45	56	98
10	57	50	58	02	58	55	59	07	59	59	60	11	60	64	61	16	61	68	62	20	62	73
11	63	25	63	77	64	30	64	82	65	34	65	86	66	39	66	91	67	43	67	95	68	48
12	69	»	69	52	70	05	70	57	71	09	71	61	72	14	72	66	73	18	73	70	74	23
13	74	75	75	27	75	80	76	32	76	84	77	36	77	89	78	41	78	93	79	45	79	98
14	80	50	81	02	81	55	82	07	82	59	83	11	83	64	84	16	84	68	85	20	85	73
15	86	25	86	77	87	30	87	82	88	34	88	86	89	39	89	91	90	43	90	95	91	48
16	92	»	92	52	93	05	93	57	94	09	94	61	95	14	95	66	96	18	96	70	97	23
17	97	75	98	27	98	80	99	32	99	84	100	36	100	89	101	41	101	93	102	45	102	98
18	103	50	104	02	104	55	105	07	105	59	106	11	106	64	107	16	107	68	108	20	108	73
19	109	25	109	77	110	30	110	82	111	34	111	86	112	39	112	91	113	43	113	95	114	48
20	115	»	115	52	116	05	116	57	117	09	117	61	118	14	118	66	119	18	119	70	120	23

JOURNÉES.	1 heure.		2 heures.		3 heures.		4 heures.		5 heures.		6 heures.		7 heures.		8 heures.		9 heures.		10 heures.	
	fr.	c.	fr.	c.	fr.	c.	fr.	c.	fr.	c.	fr.	c.	fr.	c.	fr.	c.	fr.	c.	fr.	c.
21	120	75	121	27	121	80	122	32	122	84	123	36	123	89	124	41	124	93	125	45	125	98
22	126	50	127	02	127	55	128	07	128	59	129	11	129	64	130	16	130	68	131	20	131	73
23	132	25	132	77	133	30	133	82	134	34	134	86	135	39	135	91	136	43	136	95	137	48
24	138	»	138	52	139	05	139	57	140	09	140	61	141	14	141	66	142	18	142	70	143	23
25	143	75	144	27	144	80	145	32	145	84	146	36	146	89	147	41	147	93	148	45	148	98
26	149	50	150	02	150	55	151	07	151	59	152	11	152	64	153	16	153	68	154	20	154	73
27	155	25	155	77	156	30	156	82	157	34	157	86	158	39	158	91	159	43	159	95	160	48
28	161	»	161	52	162	05	162	57	163	09	163	61	164	14	164	66	165	18	165	70	166	23
29	166	75	167	27	167	80	168	32	168	84	169	36	169	89	170	41	170	93	171	45	171	98
30	172	50	173	02	173	55	174	07	174	59	175	11	175	64	176	16	176	68	177	20	177	73
31	178	25	178	77	179	30	179	82	180	34	180	86	181	39	181	91	182	43	182	95	183	48
32	184	»	184	52	185	05	185	57	186	09	186	61	187	14	187	66	188	18	188	70	189	23
33	189	75	190	27	190	80	191	32	191	84	192	36	192	89	193	41	193	93	194	45	194	98
34	195	50	196	02	196	55	197	07	197	59	198	11	198	64	199	16	199	68	200	20	200	73
35	201	25	201	77	202	30	202	82	203	34	203	86	204	39	204	91	205	43	205	95	206	48
36	207	»	207	52	208	05	208	57	209	09	209	61	210	14	210	66	211	18	211	70	212	23
37	212	75	213	27	213	80	214	32	214	84	215	36	215	89	216	41	216	93	217	45	217	98
38	218	50	219	02	219	55	220	07	220	59	221	11	221	64	222	16	222	68	223	20	223	73
39	224	25	224	77	225	30	225	82	226	34	226	86	227	39	227	91	228	43	228	95	229	48
40	230	»	230	52	231	05	231	57	232	09	232	61	233	14	233	66	234	18	234	70	235	23
FRACTIONS :	0	52	1	05	1	57	2	09	2	61	3	14	3	66	4	18	4	70	5	23

JOURNÉES.	fr.	c.	1 heure. fr.	c.	2 heures. fr.	c.	3 heures. fr.	c.	4 heures. fr.	c.	5 heures. fr.	c.	6 heures. fr.	c.	7 heures. fr.	c.	8 heures. fr.	c.	9 heures. fr.	c.	10 heures. fr.	c.
1	6	»	6	55	7	09	7	64	8	18	8	73	9	27	9	82	10	36	10	91	11	45
2	12	»	12	55	13	09	13	64	14	18	14	73	15	27	15	82	16	36	16	91	17	45
3	18	»	18	55	19	09	19	64	20	18	20	73	21	27	21	82	22	36	22	91	23	45
4	24	»	24	55	25	09	25	64	26	18	26	73	27	27	27	32	28	36	28	91	29	45
5	30	»	30	55	31	09	31	64	32	18	32	73	33	27	33	82	34	36	34	91	35	45
6	36	»	36	55	37	09	37	64	38	18	38	73	39	27	39	82	40	36	40	91	41	45
7	42	»	42	55	43	09	43	64	44	18	44	73	45	27	45	85	46	36	46	91	47	45
8	48	»	48	55	49	09	49	64	50	18	50	73	51	27	51	82	52	36	52	91	53	45
9	54	»	54	55	55	09	55	64	56	18	56	73	57	27	57	82	58	36	58	91	59	45
10	60	»	60	55	61	09	61	64	62	18	62	73	63	27	63	82	64	36	64	91	65	45
11	66	»	66	55	67	09	67	64	68	18	68	73	69	27	69	82	70	36	70	91	71	45
12	72	»	72	55	73	09	73	64	74	18	74	73	75	27	75	82	76	36	76	91	77	45
13	78	»	78	55	79	09	79	64	80	18	80	73	81	27	81	82	82	36	82	91	83	45
14	84	»	84	55	85	09	85	64	86	18	86	73	87	27	87	82	88	36	88	91	89	45
15	90	»	90	55	91	09	91	64	92	18	92	73	93	27	93	82	94	36	94	91	95	45
16	96	»	96	55	97	09	97	64	98	18	98	73	99	27	99	82	100	36	100	91	101	45
17	102	»	102	55	103	09	103	64	104	18	104	73	105	27	105	82	106	36	106	91	107	45
18	108	»	108	55	109	09	109	64	110	18	110	73	111	27	111	82	112	36	112	91	113	45
19	114	»	114	55	115	09	115	64	116	18	116	73	117	27	117	82	118	36	118	91	119	45
20	120	»	120	55	121	09	121	64	122	18	122	73	123	27	123	82	124	36	124	91	125	45

JOURNÉES.			1 heure.		2 heures.		3 heures.		4 heures.		5 heures.		6 heures.		7 heures.		8 heures.		9 heures.		10 heures.	
	fr.	c.	fr.	c.	fr.	c.	fr.	c.	fr.	c.	fr.	c.	fr.	c.	fr.	c.	fr.	c.	fr.	c.	fr.	c.
21	126	»	126	55	127	09	127	64	128	18	128	73	129	27	129	82	130	36	130	91	131	45
22	132	»	132	55	133	09	133	64	134	18	134	73	135	27	135	82	136	36	136	91	137	45
23	138	»	138	55	139	09	139	64	140	18	140	73	141	27	141	82	142	36	142	91	143	45
24	144	»	144	55	145	09	145	64	146	18	146	73	147	27	147	82	148	36	148	91	149	45
25	150	»	150	55	151	09	151	64	152	18	152	73	153	27	153	82	154	36	154	91	155	45
26	156	»	156	55	157	09	157	64	158	18	158	73	159	27	159	82	160	36	160	91	161	45
27	162	»	162	55	163	09	163	64	164	18	164	73	165	27	165	82	166	36	166	91	167	45
28	168	»	168	55	169	09	169	64	170	18	170	73	171	27	171	82	172	36	172	91	173	45
29	174	»	174	55	175	09	175	64	176	18	176	73	177	27	177	82	178	36	178	91	179	45
30	180	»	180	55	181	09	181	64	182	18	182	73	183	27	183	82	184	36	184	91	185	45
31	186	»	186	55	187	09	187	64	188	18	188	73	189	27	189	82	190	36	190	91	191	45
32	192	»	192	55	193	09	193	64	194	18	194	73	195	27	195	82	196	36	196	91	197	45
33	198	»	198	55	199	09	199	64	200	18	200	73	201	27	201	82	202	36	202	91	203	45
34	204	»	204	55	205	09	205	64	206	18	206	73	207	27	207	82	208	36	208	91	209	45
35	210	»	210	55	211	09	211	64	212	18	212	73	213	27	213	82	214	36	214	91	215	45
36	216	»	216	55	217	09	217	64	218	18	218	73	219	27	219	82	220	36	220	91	221	45
37	222	»	222	55	223	09	223	64	224	18	224	73	225	27	225	82	226	36	226	91	227	45
38	228	»	228	55	229	09	229	64	230	18	230	73	231	27	231	82	232	36	232	91	233	45
39	234	»	234	55	235	09	235	64	236	18	236	73	237	27	237	82	238	36	238	91	239	45
40	240	»	240	55	241	09	241	64	242	18	242	73	243	27	243	82	244	36	244	91	245	45

FRACTIONS : 0 55 — 1 09 — 1 64 — 2 18 — 2 73 — 3 27 — 3 82 — 4 36 — 4 91 — 5 45

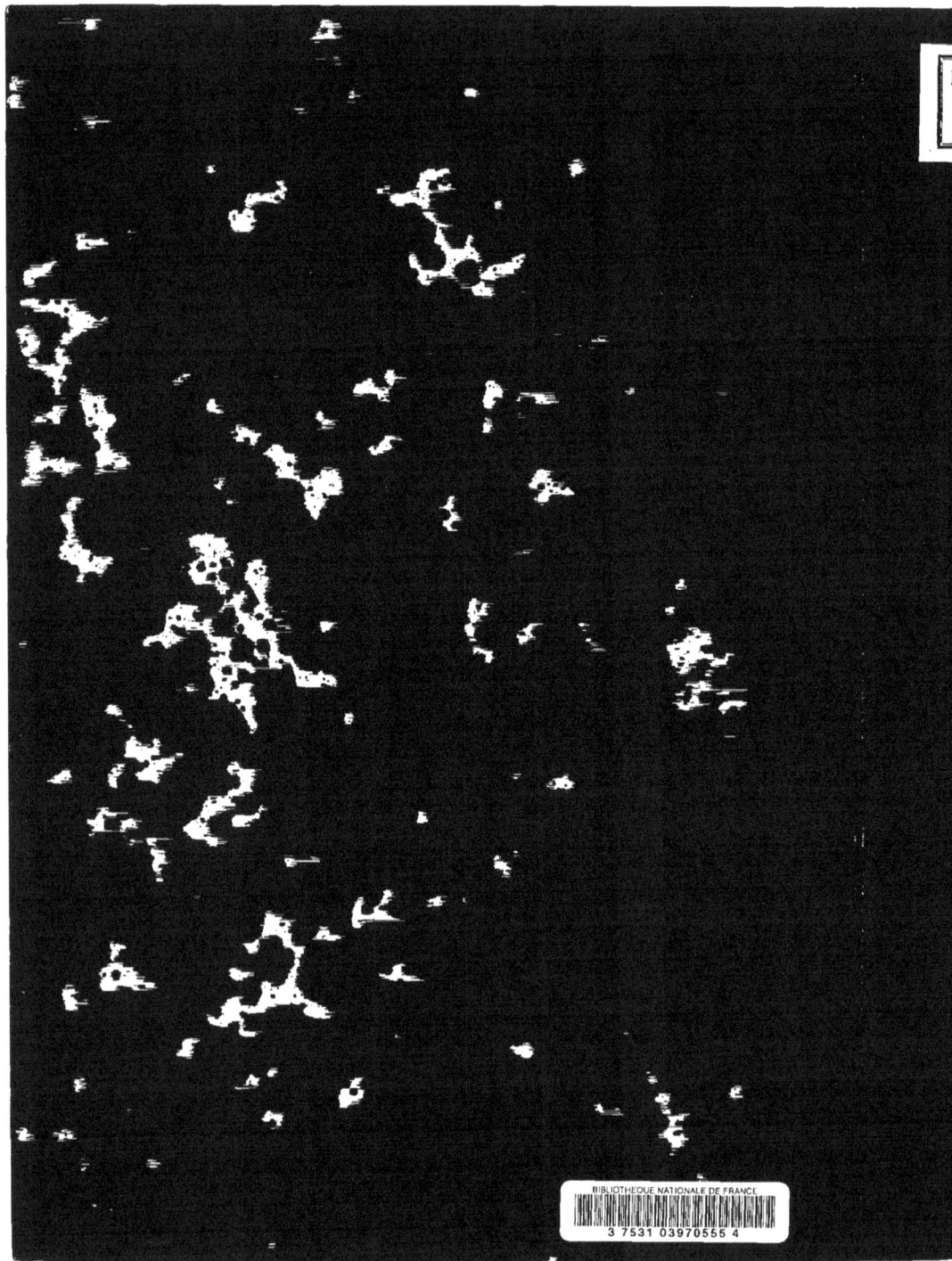

www.ingramcontent.com/pod-product-compliance
Lightning Source LLC
Chambersburg PA
CBHW050548210326
41520CB00012B/2772